Future Worlds
Science • Fiction • Film

Kristina Jaspers / Nils Warnecke /
Gerlinde Waz / Rüdiger Zill (Hg.)

Future Worlds
Science • Fiction • Film

BERTZ+FISCHER

Bibliografische Information der Deutschen Nationalbibliothek
Die Deutsche Nationalbibliothek verzeichnet diese Publikation in der
Deutschen Nationalbibliografie; detaillierte bibliografische Daten
sind im Internet über <http://dnb.dnb.de> abrufbar.

Eine Publikation in Zusammenarbeit mit der
Deutschen Kinemathek – Museum für Film und Fernsehen
und dem Einstein Forum

Gefördert durch die Kulturstiftung des Bundes

Lektorat:
Maurice Lahde

Umschlaggestaltung:
D.B. Berlin

Alle Rechte vorbehalten
© 2017 by Bertz + Fischer GbR, Berlin
Wrangelstr. 67, 10997 Berlin
Druck und Bindung: druckhaus köthen, Köthen
Printed in Germany
ISBN 978-3-86505-250-6

Inhalt

Future Worlds – Zur Einleitung   7
Von Kristina Jaspers, Nils Warnecke,
Gerlinde Waz, Rüdiger Zill

Warum wir ins Kino gehen   12
INTERSTELLAR und das cineastische Raum-Zeit-Kontinuum
Von Josef Früchtl

Tomorrowland ist abgebrannt   26
Das Problem der positiven Zukunft in der Science-Fiction
Von Simon Spiegel

Wie man Katastrophen überlebt   39
Die Zerstörung der Umwelt und Visionen einer
postapokalyptischen Zukunft im amerikanischen
Science-Fiction-Kino
Von Christine Cornea

When Galaxies Collide …   50
STAR TREK und STAR WARS im transmedialen Vergleich
Von Andreas Rauscher

Der Ast, auf dem wir sitzen   71
Science-Fiction als Bildungsprogramm im Fernsehen
der Bundesrepublik
Von Klaudia Wick

Begegnung im Weltall   82
Kosmosvisionen im sowjetischen Science-Fiction-Film
Von Matthias Schwartz

Echte Menschen? 97
Über die Entstehung der Fernsehserie
ÄKTA MÄNNISKOR – REAL HUMANS
Von Harald Hamrell

Was ist Afrofuturismus? 108
Eine Reise in die Kunst und den Film
Von Ytasha L. Womack

Die Poesie des Unsichtbaren 122
Verborgene Dimensionen im chinesischen
Science-Fiction-Kino
Von Mingwei Song

Über die Autorinnen und Autoren 138
Bildnachweis 140
Index 140

Future Worlds – Zur Einleitung

Science-Fiction ist ein großes Gedankenexperiment, das es uns ermöglicht, unser Heute ins Morgen zu verlängern und verschiedene Varianten davon spielerisch zu erproben. Was werden wir wissen? Wie wollen wir leben? Was wird der Mensch sein? Sehnsüchte und Befürchtungen zur individuellen wie zur globalen Zukunft werden im Science-Fiction-Film imaginiert. Wobei die *Future Worlds* bewusst in den Plural gesetzt sind: Welche Zukünfte sind für uns vorstellbar, und welche davon wollen wir wählen? Allerdings sind in den letzten 100 Jahren die Utopien gegenüber den Dystopien stark ins Hintertreffen geraten. Warum erwarten wir inzwischen vom Kommenden eher Negatives? Ist das allein den dramaturgischen und narrativen Konventionen des Kinos geschuldet? Oder sind Technik- und Zukunftsoptimismus im Zeitalter von Globalisierung und digitaler Revolution gänzlich erlahmt? Ursprünglich war das Genre durchaus von positiven Zukunftsentwürfen geprägt.

Ausgehend von Thomas Morus' *Utopia* (1516) wurden seit dem Ende des 18. Jahrhunderts verstärkt positive Konzepte zukünftiger Gesellschaften diskutiert: zunächst in Louis-Sébastien Merciers *Das Jahr 2440. Ein Traum aller Träume* (1771), das als erste verzeitlichte Utopie gilt, dann – in Form eines von Leidenschaften befreiten Matriarchats – in Edward Bulwer-Lyttons *Das Geschlecht der Zukunft* (1871), als gleichberechtigte Solidargemeinschaft in Edward Bellamys *Ein Rückblick aus dem Jahr 2000 auf das Jahr 1887* (1888) oder schließlich als Philosophen-Diktatur in Herbert George Wells' *The Shape of Things to Come* (1933). Bereits drei Jahre nach seinem Erscheinen wurde dieser Roman von Regisseur W.C. Menzies als eine der ersten positiven Gesellschaftsutopien auf die Kinoleinwand gebracht. Ebenfalls 1933 hatte der Journalist James Hilton den scheinbar paradiesischen Ort Shangri-La in seinem Roman *Lost Horizon* entworfen, der von Frank Capra 1937 unter demselben Titel mit all seinen Ambivalenzen verfilmt wurde.

Doch nicht nur Hollywood begann das 20. Jahrhundert mit zaghaft optimistischem Blick in die Zukunft. In Russland beziehungsweise der Sowjetunion entstanden mehrere Science-Fiction-Filme aus sozialistischer Perspektive, die durch Romane wie Alexander A. Bogdanows *Der rote Planet* (1908) oder Alexei Nikolajewitsch Tolstois *Aelita* (1923) vorbereitet wurden – dazu ausführlicher der Beitrag von Matthias Schwartz in diesem Band. Doch nach dem Zweiten

Weltkrieg und dem Holocaust richtete sich der Blick zunächst auf die Gegenwart oder eine nostalgisch verklärte Vergangenheit. Konsequente sozialpolitische Entwürfe entstanden erst wieder mit Beginn des »Space Age« Ende der 1950er Jahre, als man in Ost und West eine neue Zukunft der Menschheit im Weltraum propagierte. In STAR TREK (Raumschiff Enterprise; USA 1966–69) wurde die Idee einer friedlich zusammenlebenden Weltgemeinschaft entworfen, wie sie in den »utopischen Filmen« der DEFA aus sozialistischer Perspektive bereits vorbereitet worden war.

Spätestens mit den 1970er Jahren gewannen aber die Dystopien das Übergewicht: Das neu einsetzende Umweltbewusstsein fürchtete um das ökologische Gleichgewicht der Erde und zeichnete die Zukunft, wie Christine Cornea in ihrem Beitrag zeigt, zunehmend als globale Katastrophe. Eine aktuelle Variante dieses Motivs ist Christopher Nolans INTERSTELLAR von 2014, die Josef Früchtl in seinem Beitrag kommentiert. In neuerer Zeit hat das Thema in Gestalt von Tim Fehlbaums HELL (2011) sogar die sonst eher spärlich vertretene deutschsprachige, in dem Fall: schweizerische Science-Fiction erreicht.

Filme, die die Dominanz des Zukunftspessimismus entlarven und bekämpfen wollen, wie Brad Birds TOMORROWLAND (A World Beyond; 2015), bleiben – das zeigt Simon Spiegel – inhaltlich wenig überzeugende und ästhetisch eher misslungene Versuche, die unfreiwillig sogar ebenfalls das apokalyptische Fach bedienen – obwohl es zum Beispiel bei Bird die Technik selbst ist, die in Gestalt der Roboterfrau Athena den Weltuntergang verhindert.

Dass der Mensch nicht mehr Meister seiner Produkte ist, wird nirgends so bedrohlich empfunden wie gerade bei den Geschöpfen, die ihm selbst nachgebildet sind: bei den Androiden. Waren Frankenstein und der Golem noch vergleichsweise harmlose erste Versuche, sind ihre technisch avancierten Nachfolger von BLADE RUNNER (1982; R: Ridley Scott) bis zu der erfolgreichen schwedischen Fernsehserie ÄKTA MÄNNISKOR – REAL HUMANS (SE 2012–14) nicht nur physische Bedrohungen für den Menschen, sondern auch metaphysische, denn sie stellen sein Selbstbild als Krone der Schöpfung infrage: Haben auch Roboter Gefühle, haben sie auch »Menschenrechte«? Welche Herausforderungen sich zeigen, wenn man die technischen Menschen durch reale darstellen lässt, erläutert einer der Regisseure der Serie, Harald Hamrell, mit einem Bericht aus der Praxis.

Für solche Gedankenexperimente, die den Anspruch auf Gleichberechtigung zum Thema haben, gibt es natürlich eine große Zahl von Vorbildern. Eines der wichtigsten ist der Kampf der unterdrückten Schwarzen in den USA, der seine Spuren auch in der Science-Fiction hinterlassen hat: Mit Beginn der Bürgerrechtsbewegung und motiviert durch die Bühnenauftritte des Jazzmusikers Sun Ra gewann die Idee des »Afrofuturismus« in den USA an Bedeutung, ein afroamerikanisches Konzept, das die afrikanischen Wurzeln der Schwarzen mit utopischen Entwürfen zu verbinden sucht – in unserem Band ausführlich vorgestellt von Ytasha Womack. Damit rücken neben den ethischen nicht zuletzt die ästhetischen Aspekte der Science-Fiction in den Vordergrund. Doch wohlgemerkt nicht in Form urbaner Stadtentwürfe, wie sie seit Fritz Langs METROPOLIS (1927) fortgeschrieben wurden, sondern vielmehr als eine Praxis, die Musik, Mode und Lebenshaltung sowie eine spirituelle, kosmische Dimension umfasst. Science-Fiction imaginiert nicht allein zukünftige Realitäten, sie wird vielmehr auch zu einer Ästhetik der Existenz im Sinne Michel Foucaults.

Je länger man sich mit dem Genre beschäftigt, umso deutlicher wird, wie sehr es vom angelsächsischen Kulturraum dominiert ist. Ausnahmen sind – wie schon erwähnt – die Versuche in der Sowjetunion und einige wenige europäische Einzelfälle. Wir haben uns bemüht, auch nach den zaghaften Anfängen in anderen Kulturen zu suchen. Ostasien wird dabei immer bedeutender, wie Mingwei Song exemplarisch an der chinesischen Science-Fiction zeigt, auch wenn hier Romane und Erzählungen bislang erfolgreicher sind als der Film.

Der Weg führt aber nicht nur von der Literatur zum Kino: Science-Fiction ist längst ein multimediales Projekt geworden. Die Universen der inzwischen zahlreiche Sequels, Prequels, Spin-offs und intermediale Transformationen umfassenden STAR WARS-Saga (1977 ff.) wie des bereits eine 50-jährige Produktionsgeschichte umfassenden Franchise STAR TREK mögen dabei, wie Andreas Rauscher herausarbeitet, die persönliche Lebensführung mancher Fans so sehr beeinflussen, dass sie ihrerseits eine ganz eigene Ästhetik der Existenz ausbilden.

Der Ursprung der Intermedialität mag im Comic zu finden sein, aber auch in dem lebensweltlich lange Zeit einflussreichsten Medium: dem Fernsehen. Noch heute zeigt sich, wie sehr Science-Fiction als lebensumfassendes Phänomen die Gegenwart abbilden kann. Das Fernsehen neigt eher dazu, von Einzelphänomenen ausgehend mögliche zukünftige Entwicklungen zu prognostizieren, sowohl im dokumentarischen als auch im fiktionalen Bereich. Dabei werden – dokumentarisch – komplizierte wissenschaftliche Zusammenhänge allgemeinverständlich erklärt und sinnlich dargestellt. Von der Mondlandung bis zur Klimaerwärmung hat das Fernsehen bisher jedes komplexe Phänomen in bunt-bewegte Animationen übersetzt, in nachvollziehbaren Experimenten veranschaulicht oder von Experten kommentieren lassen: Klaudia Wick hat das in ihrem Beitrag detailliert nachgezeichnet. Das Fernsehen ist dem Alltag der Zuschauer näher als das Kino und kommt meist ohne große Spezialeffekte aus. Es kann daher auch als besonders sensibler Seismograf für aktuelle Befindlichkeiten und gesellschaftliche Diskurse dienen. Auch im fiktionalen Bereich hat es seit STAR TREK und RAUMPATROUILLE – DIE PHANTASTISCHEN ABENTEUER DES RAUMSCHIF-

FES ORION (BRD 1966) immer wieder Maßstäbe gesetzt. Die verschiedensten ethischen und sozialen Implikationen, die sich aus der Weiterentwicklung von künstlicher Intelligenz und Robotik ergeben, hat beispielsweise die schwedische Fernsehserie ÄKTA MÄNNISKOR so multiperspektivisch und beängstigend real formuliert, wie das bisher kaum einem Spielfilm gelang.

Daran zeigt sich einmal mehr, was Hannah Arendt schon 1960 festgestellt hat, dass das Denken »von Jedermann« den wissenschaftlichen und technischen Entwicklungen weit voraus ist; die Wissenschaft habe »nur verwirklicht, was Menschen geträumt haben«: »Ein Blick in die Literatur der Science Fiction, um deren seltsame Verrücktheit sich leider noch niemand ernsthaft gekümmert hat, dürfte lehren, wie sehr die moderne Entwicklung gerade den Wünschen und heimlichen Sehnsüchten der Massen entgegenkommt«.[1] Inzwischen – das hat Arendt noch nicht geahnt – sind diese »seltsamen Verrücktheiten« oft nicht mehr so seltsam, und aus den Träumen sind, wie gesagt, zum Teil Albträume, aus den Sehnsüchten Zukunftsängste geworden. Das zeigt sich an der gesamten Bandbreite von Themen, die wir, soweit es uns möglich war, zu repräsentieren versucht haben: Die Gesellschaftsutopien sind Szenarien des Überwachungsstaates und eines Kampfs ums Überleben in einer zerstörten Welt geworden. Der Ausbruch aus dem »Gefängnis Erde« und der damit verbundene Aufbruch in die unendlichen Weiten des Raums scheitern manchmal schon an den zerstörerischen Kräften des Weltraummülls im Orbit unseres Globus (wie in GRAVITY; 2013; R: Alfonso Cuarón). Und die Zeitreisen führen uns nicht nur zu unangenehmen Begegnungen mit uns selbst, sondern auch in logische Paradoxa. Mit solchen Themen weist die Science-Fiction über die reine Prognostik hinaus und entwickelt auch – wie kaum ein anderes populäres Genre – ihr philosophisches Potenzial, wie es von Josef Früchtl am Fall von INTERSTELLAR überzeugend gezeigt wird.

Aber das Verlangen nach Hoffnung und Zuversicht ist doch noch nicht ganz erloschen. Das zeigt sich nicht nur in einem optimistischen Zukunftsentwurf wie STAR TREK, sondern vor allem auch da, wo die Science-Fiction zum Instrument des politischen Kampfs um Gleichberechtigung wird, oder wie Ytasha Womack schreibt: »Bilder von der Zukunft zu entwerfen kann ein revolutionärer Akt sein.«

Diese möglichst breite Darstellung von Themen in ihren internationalen und intermedialen Varianten war nur möglich, indem wir uns auf die neusten Entwicklungen des Genres konzentriert haben und nur dort in die jüngere Geschichte zurückgegangen sind, wo uns das – wie in den Beiträgen von Cornea und Schwartz – für das Verständnis des Gegenwärtigen unumgänglich schien. Uns interessierten also besonders Science-Fiction-Filme, die nach 2000 produziert worden sind. Und dafür gibt es auch gute Gründe. Denn obwohl Science-Fiction viel über ihre jeweilige Gegenwart erzählt, über die Zeit, in der sie entstanden ist, hat doch nicht jedes Jahrzehnt gleichermaßen lebhaft von der Zukunft geträumt. Dass das Genre, einer Wellenbewegung folgend, seit einigen Jahren zum wiederholten Male eine auffällige Konjunktur aufweist, bietet die Gelegenheit, von unserer heutigen filmischen Zukunft auf die Zeitdiagnose des beginnenden dritten Jahrtausends zu schließen. Von unseren Autoren und Autorinnen forderte das die Bereitschaft, einen theoretisch noch wenig erschlossenen Filmkorpus zu erkunden.

Die Beiträge dieses Bandes gehen zurück auf ein Symposium, das die Deutsche Kinemathek – Museum für Film und Fernsehen und das Einstein Forum vom 21. bis 23. Januar 2016 gemeinsam veranstaltet haben. Bei diesem Symposium, das zur Vorbereitung der Ausstellung *Things to Come. Science • Fiction • Film* durchgeführt wurde, haben wir versucht, filmtheoretische Analysen mit Prognosen aus den verschieden Natur- und Sozialwissenschaften zu kombinieren. Dieser Band muss sich aus pragmatischen Gründen auf den filmtheoretischen Aspekt beschränken.

Für die Unterstützung beim Symposium danken wir ganz herzlich unseren Kollegen: bei der Deutschen Kinemathek allen voran ihrem künstlerischen Direktor Rainer Rother, dem Verwaltungsdirektor Maximilian Müllner und dem Sammlungs- und Ausstellungsleiter Peter Mänz, beim Einstein Forum seiner Direktorin Susan Neiman und dem stellvertretenden Direktor Martin Schaad. Für den reibungslosen organisatorischen Ablauf der Tagung möchten wir außerdem Antonia Angold, Anna Bitter, Gabriele Karl, Matthias Kroß, Tim Lindemann, Andreas Schulz, Georg Simbeni und Goor Zankl danken. Unverzichtbar für die Arbeit am Tagungsband waren die hervorragend erstellte Filmografie von Annika Schaefer und die Screenshots von Max Weinberg. Ohne die großzügige Unterstützung der Kulturstiftung des Bundes, namentlich der künstlerischen Direktorin Hortensia Völckers und des Verwaltungsdirektors Alexander Farenholtz, wären das Symposium und dieser Band nicht zustande gekommen. Dafür einen ganz besonderen Dank. Und last, but not least sind wir unserem Lektor Maurice Lahde sehr dankbar. Er hat uns wieder einmal sachkundig und wortmächtig durch die Untiefen der deutschen Sprache gelotst und hatte dabei auch immer die Stringenz der Argumentation im Blick.

Kristina Jaspers, Nils Warnecke, Gerlinde Waz, Rüdiger Zill

Anmerkung

1   Hannah Arendt: Vita activa oder Vom tätigen Leben. München, Zürich 1981, S. 8.

Warum wir ins Kino gehen

INTERSTELLAR und das cineastische Raum-Zeit-Kontinuum

Von Josef Früchtl

Es gibt eine Menge Gründe, ins Kino zu gehen. Banale und konventionelle, spezielle und schwerwiegende. Man verabredet sich mit Freunden oder hat ein Date mit derjenigen, die demnächst die Freundin heißen soll. Eine solche Verabredung ist viel einfacher als für das Theater oder die Oper, denn man kann ins Kino gehen, wie man in eine Kneipe oder ein Bistro geht: ohne viel Aufhebens, und meistens findet sich ein Platz. Viele gehen aber auch ins Kino wie andere ins Theater: um einen bestimmten Schauspieler oder eine Schauspielerin zu bewundern. Das kann der raubeinige John Wayne sein oder die fulminante Katharine Hepburn, die sizilianische Schönheit Claudia Cardinale oder der *best looking man ever* – und das ist nicht, wie jüngere Fans meinen mögen, George Clooney, sondern Gregory Peck[1] –; intellektuelle Großstadtneurotiker lassen oder ließen sich lange Zeit keinen Woody-Allen-Film entgehen, und Meryl Streep ist zweifellos, wie es ein weiblicher Fan einmal ausgedrückt hat, »ein Schauspielerwesen von einem anderen Stern, das man zu uns geschickt hat, um die Menschen – all die Menschen, die sie in ihren Rollen verkörpert – besser zu verstehen.« Für das traditionelle Kino spricht darüber hinaus, so sagen viele, dass es in jeder Hinsicht Größe hat: in architektonischer Hinsicht, wenn es einen großen Saal vorweist, womöglich im Art-déco-Stil gehalten wie im *Tuschinski* in Amsterdam; in technischer Hinsicht mit Großleinwand und umwölbendem, taktil wirkendem Dolby-Stereo-System; in ästhetischer Hinsicht, weil gute Filme auch auf dem besten Fernsehbildschirm in ihrer Wirkung einbüßen. Und schließlich kann man nirgendwo so selbstvergessen und geräuschvoll Chips und Popcorn essen.

Zu den schwerwiegenden Gründen zählen die, die man beinahe von Anfang an aus psychologischer und gesellschaftskritischer Perspektive diskutiert: dass das Kino eine Traumfabrik sei, eine kurzweilige, vorübergehende Wunscherfüllung, die die Widrigkeiten des alltäglichen Lebens kompensiere. Das lässt sich symboltheoretisch und soziologisch auch neutraler formulieren: nämlich dass man im Kino Erfahrungen machen kann, die man anderswo nicht machen kann.

Wenn ich den Begriff der Erfahrung benutze, meine ich ihn zunächst vor allem in der Tradition John Deweys, die sich aber bestens in diejenige Hegels und Gadamers einfügt. Philosophischer Pragmatismus, Hermeneutik und Dialektik lassen sich hier zu einer Synthese formen. Eine Erfahrung hebt sich zunächst als eine Einheit, als eine identifizierbare Sequenz aus dem uneinheitlichen, diffusen Erlebensstrom heraus. Und was sie heraushebt, ist ihr vollendender oder exemplarischer Charakter. Um es mit Dewey zu sagen: »Da ist jenes Essen in einem Pariser Restaurant, von dem wir sagen: ›Das war ein Erlebnis!‹ Es sticht als eine bleibende Erinnerung an das hervor, was Essen sein kann.«[2] Ein Teil, das Essen in einem Restaurant, steht für das Ganze, nämlich Essen überhaupt, wenn der Teil vollendet ist, also in sich jene Eigenschaften aufweist, die das Ganze in seiner Qualität kennzeichnen, und die Qualität eines Essens bemisst sich daran, dass es sättigt und vor allem gut schmeckt. Eine solche Erfahrung hat aber nicht nur exemplarischen, sondern auch innovativen Charakter. Sie verändert mein Überzeugungssystem (*system of belief*). Hatte ich bis zu dem Essen im Restaurant noch keinen rechten Begriff, ja möglicherweise keine Ahnung davon, was gutes Essen eigentlich heißt, so hat sich das nun einschneidend und dauerhaft verändert. Und zwar in einem zweifachen, quantitativen wie qualitativen Sinn. Nicht nur kann sich mein Welt- und Erfahrungshorizont um ein Stück erweitern, das ich bis dato noch nicht kannte, die neue Erfahrung kann eine alte auch in einem Umwälzungsverfahren ersetzen. Hegel spricht in der *Phänomenologie des Geistes* von der »Umkehrung« des Bewusstseins, der Instanz, die die überzeugungserweiternden und -verändernden Erfahrungen macht.[3] Zugleich spricht er damit im Sinne Deweys an, dass die Unterscheidung zwischen theoretischer und praktischer Vernunft in diesem Kontext nicht greift: Mit einer falschen Ansicht der Dinge löst sich auch die damit verknüpfte Beharrungskraft einer Lebensform auf.

Wenn man im Kino Erfahrungen macht, sind es also Erfahrungen dieser Art. Aber damit ist noch nicht deutlich, was sie zu *spezifischen* Kinoerfahrungen oder zu spezifischen *ästhetischen* Erfahrungen macht. Es wären also die zwei anschließenden Fragen zu beantworten, was eine ästhetische und was eine cineastisch-ästhetische Erfahrung ist. Am Ende schließlich stünde die Frage, welche (ästhetische) Erfahrung speziell ein Science-Fiction-Film ermöglicht. Statt nun diesem gediegenen Aufbau vom *genus* (Erfahrung überhaupt) zur *differentia specifica* (cineastische Science-Fiction-Erfahrung) zu folgen, möchte ich mich an einer exemplarischen Antwort versuchen, und als mustergültiges Beispiel habe ich INTERSTELLAR (2014) von Christopher Nolan gewählt. Denn dieser Film bietet in seinen Bildern und seinem Narrativ eine der bisher besten cineastischen Umsetzungen der zeitgenössischen

Josef Früchtl

Astrophysik, erfüllt also eine der Grundbedingungen des Science-Fiction-Genres, nämlich auf *science* zu basieren. Aber interessant und für das Genre entscheidend erscheint mir, dass letztlich auch in INTERSTELLAR die Kunst über die Wissenschaft siegt. Das heißt zum einen, dass der Film sich einfügt in das ästhetische Paradigma von Modernität, dem es nicht mehr um Repräsentation, sondern um Vision zu tun ist; nicht mehr um Imitation (der Natur), sondern um Imagination; nicht mehr um die korrekte Darstellung der einen Welt, sondern um die Herstellung möglicher Welten. Und das heißt zum anderen, dass der Film sich selbst zu Recht als das anpreist, worüber die Mathematik nur spekulieren kann: als Raum-Zeit-Kontinuum, als dynamisierter Raum und verräumlichte Zeit.

Das ästhetische Paradigma der Moderne

Zunächst möchte ich erläutern, was es mit dem ästhetischen Modernitätsparadigma auf sich hat und in welcher Weise der Science-Fiction-Film allgemein sich bestens darin einfügt.[4]

Wie immer, wenn wir Begriffe verwenden oder von Genres sprechen, benötigen wir Definitionen. »Science-Fiction«, wie die meisten Begriffe außerhalb der Spezialbereiche der Naturwissenschaften und der Jurisprudenz, lässt sich nicht in einer Formel oder durch die Festlegung eines gemeinsamen Merkmals bestimmen. Auf den verschiedenen Definitionsebenen, die sich anbieten, lassen sich allerdings mehr oder weniger passende Merkmale herausheben. So haben wir es auf der *ikonografischen* Ebene mit einem Bereich zu tun, in dem es wissenschaftlich-technische Labors, Raumschiffe, neu entdeckte Planeten, intelligente (sprach- und empfindungsfähige) Maschinen (Computer und Roboter) und künstliche Menschen (Androiden, Replikanten und Cyborgs) gibt. *Gattungsästhetisch* ist Science-Fiction ein Genre, das auf den Roman und den Film spezialisiert ist. Und auf der *narrativen* Ebene ist das Genre mit der Kategorie des Neuen und Unbekannten verbunden. Hier wird die Sache philosophisch und kulturwissenschaftlich interessant.

Science-Fiction gilt auf dieser Ebene nämlich als ein Genre der kognitiven Grenzüberschreitung. Das Prädikat »kognitiv« muss dabei betont werden, denn um Grenzüberschreitung geht es auch in den eng konkurrierenden Genres des Horror- und des Fantasyfilms. Während der Horrorfilm aber die Welt der naturwissenschaftlichen Gesetze in den Dienst einer Welt der moralischen Unordnung stellt, in der sich alles um die »dunkle Seite des Menschen« dreht, und der Fantasyfilm die naturwissenschaftlich determinierte Welt der Magie oder, psychoanalytisch ausgedrückt: der kindlichen Macht des Wünschens unterstellt, erkennt der Science-Fiction-Film die Geltung der Wissenschaft als eines progressiven Systems von Theorien an.

Der Wunsch zur kognitiven Grenzverschiebung, der Drang zum Unbekannten, im Sinne Nietzsches und Foucaults: der »Wille zum Wissen« ist freilich im Science-Fiction-Film nicht weniger ambivalent als in anderen intellektuell-kulturellen Unternehmen. Diese Ambivalenz hat eine dialektische oder tragisch-ironische und eine ästhetische Dimension. Ihre Tragik zeigt sich am deutlichsten in der Selbstabschaffung der Helden. Die Zivilisation schickt regelmäßig jene heldenhaften Pioniere in Pension, die ihr selbst zum Durchbruch verholfen haben. Sie sind dann, wie man sagt, aus der Zeit gefallen. In INTERSTELLAR trifft dies, wie ich gleich ausführen werde, im wörtlichen Sinne zu. Mit Hegel und Derrida lässt sich dieser Zusammenhang als eine Dialektik oder eine dekonstruktive Ironie beschreiben, nach der jede Begrenzung, wissenschaftlich gesprochen jede Definition, mit jeder die Exaktheit vorantreibenden Bestimmung auch wieder ein Unbestimmtes hervorbringt, mit jeder sprachlichen Artikulation neue Zonen des Nicht-Artikulierten.

Im Medium des Films vollzieht sich diese ambivalente Eingrenzung des Unbegrenzten primär auf der Ebene des Visuellen. Filme liefern vor allem Bilder dessen, was wir in bestimmter Hinsicht noch nicht oder – seltener – überhaupt noch nie gesehen haben. Sie zeigen Sichtbares (paradigmatisch im Dokumentarfilm) und machen sichtbar (paradigmatisch im computeranimierten Film). Genauer gesagt, vermitteln sie eine optische Illusion von Bewegung durch eine technisch beschleunigte Folge von Bildern. Diese optische Illusion, also die Erzeugung einer raumzeitlichen Bewegung, ist dem Film essenziell (künstlerische Ausnahmen bestätigen die Regel). In seiner beinahe alles dominierenden Form, dem Spielfilm, vollzieht sich diese raumzeitliche Bewegung innerhalb der von Husserl so genannten »Lebenswelt«, also der alltäglichen, vorwissenschaftlichen Welt der Erfahrung. Wenn wir sagen, dass der Film »Welt« oder »eine Welt« präsentiert, meinen wir, dass er ein Symbolsystem, einen wechselseitigen Zusammenhang von (verbalen, akustischen und taktilen) Zeichen präsentiert, ein Relationsgefüge von Bildern, Gesten, Worten, Geräuschen und Musik, das wir vor dem Hintergrund unserer Lebenswelt deuten und verstehen können. Eben das verschafft dem Film seine glaubhafte Realitätsillusion.

Auch im Science-Fiction-Film vollzieht sich daher die Ambivalenz der Eingrenzung des Grenzenlosen primär darin, das Unsichtbare sichtbar zu machen und es zugleich wieder zu verrätseln. Was der späte Heidegger als Grundbedingung von Wahrheit beschreibt, dass sie nämlich ein Widerspiel von »entbergen« und »verbergen« darstellt,[5] hat in diesem Kontext seine Berechtigung. Es ist dies freilich ein ästhetischer Kontext (was umgekehrt erneut die These bestärkt, dass der späte Heidegger ästhetische Zusammenhänge verallgemeinert). In seinem Willen zum Wissen zielt der Science-Fiction-Film demnach einerseits auf Sicherheit durch Herrschaft, ermöglicht aber andererseits immer wieder das, was das Sicherheitsbedürfnis herausfordert: einen sich verdichtenden Zusammenhang, in dem Bedeutung sich entzieht und doch auch wieder an-

Ein gigantischer Staubsturm überrollt die Besucher eines Baseballspiels:
INTERSTELLAR

bietet. Auf dieses Spiel – ein Verenträtselungsspiel – ist die Kunst spezialisiert. Die Ambivalenz der Eingrenzung des Grenzenlosen lässt daher die Dimension des Tragischen und Ironischen erfolgreich beiseite, wenn sie sich dezidiert der weiteren Dimension des Ästhetischen überantwortet.

Diese Dimension hat aber erst die Moderne eröffnet. In den vergangenen Jahrzehnten haben eine Reihe bedeutender Philosophen – Isaiah Berlin, Charles Taylor, Michel Foucault, Richard Rorty – diese These herausgearbeitet. Weniger bekannt, aber nicht weniger beeindruckend ist in diesem Kontext Hans Blumenberg.[6] Ideengeschichtlich führt er vor, dass die Instanz, in der man allgemein das Prinzip der Moderne erkennt, die Subjektivität – die Instanz also, die über ein Ja oder Nein, ein Richtig oder Falsch entscheidet –, das Charakteristikum des Schöpferischen oder Kreativen deshalb mit so viel Pathos für sich reklamiert, weil sie es sich gegen eine beinahe übermächtige ontologische und theologische Tradition erkämpfen musste. Denn seit der griechischen Antike scheint es, als wäre die Antwort auf die Frage, was der Mensch aus eigener Kraft leisten könne, durch die Formel von der Kunst (*techne*) als Nachahmung (*mimesis*) der Natur beantwortet. Er kann demnach nichts wesentlich Neues unter der Sonne (der Natur) zustande bringen. Erst Philosophen und Wissenschaftler der Neuzeit, Nikolaus von Kues, Kopernikus und Descartes, beginnen dies zu revidieren, bis sich schließlich im Übergang vom deutschen Idealismus zur Romantik definitiv die Ablösung realisiert. Nun erscheint das künstlerische, genialische Schaffen als die einzig vollkommen selbstbestimmte und daher vorbildliche Tätigkeit des Menschen.

Das Paradigma der Moderne ist so gesehen nicht homogen. Es umfasst mehrere sich transformierende, überlagernde und auch widersprechende Ausformungen. Folgt man der Linie des Schöpferisch-Kreativen, so ergibt sich die Losung: von der Imitation zur Imagination; von der Nachahmung (der Natur) zu ihrer Hervorbringung; von der Repräsentation (der einen Realität) zur Vision (möglicher Realitäten). Und diese Losung unterschreibt im Bereich des Films, wenn auch nicht ausschließlich (denn sie gilt auch für den Horror- und Fantasyfilm), so doch nachdrücklich das Genre des Science-Fiction-Films.

Der Film als Raum-Zeit-Kontinuum

Die Ambivalenz der Eingrenzung des Grenzenlosen, so habe ich gesagt, lässt die Dimension des Tragischen und Ironischen erfolgreich beiseite, wenn sie sich dezidiert der weiteren Dimension des Ästhetischen überantwortet. Eben dies tut endlich auch INTERSTELLAR, und eben dies rettet den Film vor den Klischees *made in Hollywood* und vor der Besserwisserei der Naturwissenschaft.

INTERSTELLAR hat, wie beinahe alle Science-Fiction-Filme nach den 1950er Jahren, einen dystopischen Ausgangspunkt. Das Klima ist umgeschlagen, Mehltau befällt die Pflanzen, die Nahrungsmittel werden knapp. Stürme fegen über das Land und lassen Sand durch alle Ritzen der Häuser dringen. Lungenkrankheiten breiten sich aus. Den Menschen bleibt nichts, als langsam zu ersticken und zu verhungern. Die bittere Konsequenz eines solchen Lebens, in einem Satz zusammengefasst, lautet: »Es geht darum, die Erde hinter uns zu lassen.«

Es ist Professor Brand, gespielt von Michael Caine, der diesen Satz schicksalsergeben ausspricht und damit zugleich ein Ziel vorgibt. Er konkretisiert es in zwei Plänen. Plan A sieht vor, so viele Menschen wie möglich mithilfe einer Raumstation zu evakuieren und auf einem Planeten in einer anderen Galaxie anzusiedeln. Falls das nicht gelingt, soll Plan B zum Einsatz kommen, der vorsieht, tiefgefrorene menschliche Eizellen zu dem neuen Planeten zu bringen, um so den Fortbestand der Gattung zu sichern. Es besteht eine gewisse Hoffnung, dass es einen solchen für Menschen bewohnbaren Planeten gibt, denn nachdem man in den zurückliegenden Jahren eine kleine Anzahl von Wissenschaftlern auf die ungewisse intergalaktische Reise geschickt hat, empfängt man von einigen von ihnen, genauer gesagt von dreien, immerhin entsprechende rudimentäre Signale. Um Gewissheit zu erlangen, soll eine weitere Gruppe diese gefährliche Reise antreten. Der erste angesteuerte Planet erweist sich als eine Wasserwüste, mit Wellen, die die Höhe von Bergen erreichen (hier lässt cineastisch Wolfgang Petersens Katastrophenfilm THE PERFECT STORM [Der Sturm] aus dem Jahr 2000 grüßen), und auch der zweite Planet ist, wie sich herausstellt, unbewohnbar: Der dort gelandete Wissenschaftler, gespielt von Matt Damon, hat die vielversprechend wirkenden Daten gefälscht mit dem einzigen Ziel, man möge seinen Planeten ansteuern und ihn dann zur Erde zurückholen (er stirbt dafür einen kinogerechten Tod). Auf dem dritten Planeten aber gibt es schließlich doch biosphärische Bedingungen, die denen der Erde gleichen. Die Tochter von Professor Brand (Anne Hathaway), die ebenfalls Mitglied der Wissenschaftler- und Astronautengruppe ist, landet mitsamt den tiefgefrorenen menschlichen Eizellen auf diesem Planeten. Plan B kann also durchgeführt werden.

Aber auch Plan A ist erfolgreich. Denn dem leitenden Astronauten Cooper (Matthew McConaughey) gelingt es, ein Shuttle in ein sogenanntes Schwarzes Loch hineinzumanövrieren, also in einen kosmischen Bereich, dessen Gravitation so stark ist, dass daraus keine Materie und auch kein Licht nach außen gelangen kann, sondern umgekehrt nur in ihn hineingezogen wird. Wider die gängigen physikalischen Erwartungen wird Cooper durch die dabei auf ihn einwirkenden Kräfte (»Gezeitenkräfte«) nicht zerrissen, sondern findet sich plötzlich in einem Bereich wieder, den man sich als einen vierdimensionalen Hyperwürfel, als einen in die Zeitdimension ausgedehnten, gleichseitigen Raum vorstellen muss, einen sogenannten Tesserakt (vom griechischen *téssereis aktines*, »vier Strahlen«). In diesem raumzeitlichen Kontinuum ist es möglich, sich in der Zeit so zu bewegen, als wäre sie ein Raum, also nach vorne und hinten, links und rechts, oben und unten. Man ist hier nicht mehr, wie in der irdischen Zeit, gefangen in einer einzigen Modalität, nämlich der Gegenwart. Cooper kann daher in seine Vergangenheit zurück, sieht sich im Zimmer seiner Tochter wieder, sieht seine Tochter, als sie noch Kind war, und gleich darauf als Erwachsene, wie er sie aus Videobotschaften kennt, nun selbst eine Physikerin. Da er indirekt sogar Botschaften übermitteln kann, gibt er ihr nun mittels des Sekundenzeigers einer Armbanduhr im Morsealphabet jene Daten durch, die sein technischer Begleiter, ein hochintelligenter Roboter, mittlerweile gesammelt hat und die nötig sind, um die Theorie von Professor Brand zu vervollständigen sowie den großen Evakuierungsplan durchzuführen. Er erwacht schließlich in einem Krankenzimmer auf genau jener Raumstation im All, auf die die Menschen evakuiert worden sind. Dort kann er, äußerlich nicht gealtert, aber numerisch 124 Jahre alt, seine Tochter wiedersehen, die, inzwischen 90 Jahre alt, im Sterben liegt. Sie gibt seinem Leben aber eine neue Richtung, indem sie ihn zu jenem Planeten schickt, auf dem die Tochter des Physikers Brand, Amelia, angekommen ist und die ersten Schritte zu einer erfolgreichen Besiedlung getan hat. Cooper und Amelia und die Menschheit haben wieder eine Zukunft.

Der Plot, so erzählt, klingt wie eine abenteuerliche und etwas alberne Mischung aus Wissenschaft und Märchen. Dennoch finden, wenn ich die Diskussionen im Internet einigermaßen überblicke, die Experten der Physik für INTERSTELLAR insgesamt viel mehr lobende als tadelnde Worte.[7] Denn auch in seinen spekulativsten Passagen – dem Flug durch ein sogenanntes Wurmloch, eine kugelartige Faltung des Universums, durch die zwei weit entfernt liegende Punkte einander angenähert und zeitlich viel schneller verbunden werden können; dem Flug in ein Schwarzes Loch und vor allem wieder heraus – kann der Film sich darauf berufen, dass das, was er zeigt, hypothetisch und mathematisch (immerhin) denkbar ist.

Auf der narrativen Ebene bedient sich dagegen auch INTERSTELLAR gängiger und abgestandener Muster. Die künstliche Heimat der evakuierten Menschheit auf der Weltraumstation sieht genauso aus wie ein gepflegter Baseballrasen in einem beliebigen US-College der 1950er Jahre, als das Science-Fiction-Genre noch an eine glückliche, chromblitzende Zukunft glaubte (mit dem Unterschied, dass der Horizont sich nun nach oben wölbt und die Dinge – Häuser, Bäume, Straßenlaternen – auf dem Kopf stehen; mit dieser Perspektive hat Christopher Nolan uns schon 2010 in seinem Film INCEPTION überrascht). Die Siedlung, die die Astronautin Amelia auf einem Planeten in einer anderen Galaxie gegründet hat, die wirkliche neue Heimat, steht in einer kargen, steinigen Landschaft mit sanft aufsteigenden Bergen und der amerikanischen Flagge im Wind; eine Szenerie, wie wir sie aus dem Western und der dazugehörigen Ideologie der sich immerfort ausdehnenden Grenze (*frontier*) bestens kennen, noch dazu in einer Schlussszene, die ihr Pathos, bei mächtig anschwellender Orgel-Piano-Geigen-Musik, erst mit dem letzten *cut* abrupt abbricht. Und dann ist da vor allem die bekannte Weltretterfantasie, die zugleich eine auf den Vater projizierte Familienretterfantasie ist, sogar mit einer leichten ödipalen Struktur (denn wenn er zurückkommt, so versucht Cooper seine Tochter zu überzeugen, werden sie beide wegen der Zeitdilation etwa gleich alt sein – und sie könnten dann, diese Folgerung liegt einem auf den Lippen, heiraten). Es ist der Mann und Familienvater (Cooper), der die rettende »Mission« – das englische Wort *mission* umfasst eine Bedeutungsspanne von »Auftrag« über »(Kampf-)Einsatz« bis zu »Berufung« und »Missionarstätigkeit« – auf sich nimmt und dafür den üblichen tragisch-heroischen Verzicht leisten muss. So sehr er zuletzt am elastischen Gitter des Tesserakts rüttelt, um Kontakt mit seiner Tochter aufzunehmen, es gelingt ihm nur zum Wohle des Allgemeinen. Er kann ihr helfen, die Menschheit zu retten, nicht aber ihn selbst. Hilflos und unter Tränen muss er (nur scheinbar rückblickend) mit ansehen, wie er die Tür zum Zimmer seiner Tochter schließt, um auf die intergalaktische Reise zu gehen. Und er weiß, dass er sie damals im gewissen, im humanen Sinn für immer geschlossen hat. Denn ein gemeinsames Leben mit seiner Tochter und ihren Kindern und der neuen Familie bleibt ihm versagt.

Freilich verspricht der Film dem Helden am Ende einen Neuanfang mit einer neuen Familie in der fernen Galaxie. Diese versöhnliche Wendung ist verknüpft mit einem weiteren mächtigen narrativ-kulturellen Muster, auf das INTERSTELLAR nicht verzichten kann: mit dem Topos der Zeit und Raum überwindenden Liebe. Die Stimme der Liebe ist zunächst weiblich, wenn die Astronautin Amelia gesteht, dass sie, vor die Wahl gestellt, welchen Planeten man ansteuern sollte, für den plädiert, von dem ihr Geliebter, einer der Wissenschaftler aus der ersten Mission, Signale gesendet hat. »Vielleicht«, so gibt sie zu bedenken, »haben wir schon zu viel Zeit damit verbracht, alles mit Theorien lösen zu wollen.« Die Alternative könnte das sein, was wir Liebe nennen, eine verbindende Kraft, die jeder Mensch kennt, eine Art sozialer Schwerkraft. Und dann stellt Amelia eine Hypothese auf, die das Gefühl der Liebe (wiewohl Liebe mehr ist als ein Gefühl)[8] nicht als bloße Alternative zur wissenschaftlichen Rationalität begreift, sondern beide Seiten umfangen sieht von einer höheren Bedeutungssphäre. Vielleicht, so gibt Amelia nämlich zu bedenken, ist Liebe »ein Artefakt einer höheren Dimension«, etwas, das wir (noch) nicht verstehen können. Selbstredend kann man diese Spekulation als typisch romantisch abtun, also als ein Diskursprodukt, das die ausgebreitete europäische Kultur seit zweihundert Jahren bestimmt.[9] Und man kann gewiss auch anmerken, dass Christopher Nolan, wenn es um romantische Gefühle geht, einer konventionellen Filmsprache folgt. Aber INTERSTELLAR hat gedanklich mehr zu bieten, denn der Film stellt eine Rationalität in Aussicht, die die Form einer höheren Mathematik der Liebe, einer höherstufigen Naturwissenschaft des Geistigen darstellen würde.[10] Als Artefakt einer höheren Dimension ist Liebe jedenfalls ein Äquivalent zu jener höherstufigen physikalischen Dimension, die es möglich macht, die Zeit als dreidimensionalen Raum erscheinen zu lassen. In diesem gleitenden und sich in sich verschiebenden Raum übernimmt schließlich auch Cooper, der Teil dieser Bewegung wird, überzeugt das Credo Amelias. Liebe ist, mehr noch als die wissenschaftliche Einstellung, das Verbindende zwischen ihm und seiner Tochter. Liebe ist, wie offenbar die Gravitation, eine Kraft, die über die von der Relativitätstheorie dargelegte Raumzeit hinaus wirken und daher auch die Dimensionen durchquerend etwas mitteilen kann. Sie ist eine gravitationsanaloge Kraft.

Der Einstein, der in der Lage wäre, diese Sprache der Liebe womöglich zu entschlüsseln, lässt nach wie vor auf sich warten. Man müsste dafür ja nicht weniger als die mathematisch-physikalische Weltformel finden, jene große vereinheitlichende Theorie, die Relativitätstheorie und Quantenmechanik synthetisieren und somit die fundamentalen Kräfte der Physik als Manifestation einer einzigen Kraft erweisen könnte. Im Film gelingt das, und so zeigt er unser Universum als Teil eines mathematisch postulierten fünfdimensionalen Kosmos,[11] freilich unter erheblichem Aufwand an Fiktion. Weil er beides, *science* und *fiction*, zusammenbinden muss, kann er die Geschichte, die er erzählt, eindrucksvoll zu einem ebenso spekulativen wie konsistenten Ende führen.

Der narrative Clou besteht nämlich darin, Anfang und Ende des Films in Kreisform zusammenzuführen. Mythische Geschichten bedienen sich dieser Erzählform, hier aber geht es um spekulative, Hypothesen generierende Wissenschaft. Der Film erzählt zu Beginn relativ unaufgeregt von einem Geist, der im Zimmer der Tochter immer wieder Bücher aus dem Regal zu stoßen scheint. Das Mädchen tut, was der szientifisch-rational orientierte Vater ihr beibringt: beobachten und analysieren. Sie findet tatsächlich heraus, dass es eine Logik in dem Geschehen gibt; dass die Lücken zwischen den herausgefallenen Büchern nämlich wie Morsezeichen zu deuten sind und somit eine Botschaft herausgelesen werden kann, die besagt: »Bleib« (*stay*). Weder die handelnden Personen noch wir, die Zuschauer, verstehen zu Beginn, was das eigentlich bedeutet. Aber am Ende verstehen sie und wir: Der Geist, der die Botschaften sendet, ist niemand anderes als Cooper selbst. In der vierdimensionalen Würfelkonstruktion des Tesserakts, in der die Zeit als Raum erscheint, ist Cooper möglich, was uns normalerweise nur im Raum möglich ist, nämlich sich in seinen drei Dimensionen zu bewegen. Daher kann Cooper sich nun auch in der Zeit so bewegen, wie wir das normalerweise nicht können. Er wird nicht mehr festgehalten von der Dimension der Gegenwart. Daher kann er sich nun selbst beobachten, als wäre er als Beobachter gleichzeitig der Beobachtete; als würde er wie ein unfreiwilliger Voyeur Zeuge seiner eigenen Handlungen; als würde er, mit anderen Worten, sich selbst in einem Film sehen.

Das ist schließlich das Schlüsselwort: Film. INTERSTELLAR ist zum einen die geglückte Visualisierung einer physikalischen Theorie. Das Universum ist demnach selbstkonsistent, die Zukunft bereits vorhanden, nachher gleich vorher und vice versa.[12] »Ich habe mich selber hierhergeschickt«, erkennt Cooper am Ende in dem artifiziellen Gebilde des Tesserakts. Die Unterscheidung zwischen »ich« und »mich«, »I« und »me«, »je« und »moi« ist in diesem Falle nicht nur eine Sache, wie sie aus der Grammatik, der Selbstbewusstseinstheorie und der Psychologie des Unbewussten bekannt ist. Sondern sie ist im Kontext der Physik und der Kosmologie wörtlich zu nehmen: Ich bin zur selben Zeit an zwei verschiedenen Orten. In diesem Kontext muss sich die Erklärung auch nicht in eine Paradoxie flüchten. Wenn die Zeit sich als *loop*, als »Zeitschleife« erweist, weil man nicht nur die Dreidimensionalität des Raums, sondern auch die Zeit

INTERSTELLAR und die Sprache der Liebe: Ein Geist, der im Zimmer der Tochter immer wieder Bücher aus dem Regal zu stoßen scheint, ...

als vierte Dimension manipulieren kann, ergibt die Unterscheidung in »erst« und »dann«, »zunächst« und »daraufhin« keinen Sinn. Die Zukunft ist bereits gegenwärtig. Im Rahmen dieser physikalischen Theorie relativiert sich dann auch das Heldennarrativ des Films. Die Menschheit zu retten, das gelingt nur in einer Transferhandlung zwischen Vater und Tochter, beide sind nötig für dieses Unterfangen. Da es aber letztlich nur gelingt, weil die zukünftige Menschheit von Anfang an in das Geschehen eingreift oder eigentlich immer schon eingegriffen hat (mit der Konstruktion des Wurmlochs und des Tesserakts), ist das Ganze ein Gemeinschaftswerk. Die Menschen retten sich selbst.

INTERSTELLAR ist aber weitaus mehr als eine stimmige Visualisierung von Wissenschaft. Seine Faszination liegt vielmehr darin, wie der Film eine astrophysikalische Theorie in cineastische Wahrnehmung überführt. Seine Wirkung ist schließlich und endlich also eine ästhetische. Und am besten kommt sie zum Tragen in der Visualisierung der Zeitschleife. Wir tauchen zusammen mit Cooper in die verräumlichte Zeit des Tesserakts ein wie in die Computersimulation einer von modernen Architekten und Designern entworfenen Bibliothek, die einmal die Größe eines Doms haben soll, und schweben durch verschachtelte, lichtdurchlässige, ineinander gespiegelte Raumfluchten.[13] Der Film macht sichtbar, legt aber auch einen unsichtbaren Schleier darüber.[14] Er führt eine Dialektik der Transparenz vor Augen: Wenn alles durchsichtig ist, eines ins andere übergeht, lösen sich die Konturen der Identifikation auf. Er beherrscht also das Spiel der Verenträtselung und lässt uns, nun rezeptiv gewendet, eintauchen in die Dimensionen der Affektion, der Imagination und der Kognition; und eben das nenne ich ästhetisch.

... ist niemand anderes als Cooper selbst – im sogenannten Tesserakt erscheint die Zeit als Raum

Der Film bietet, mit anderen Worten, die Erfahrung, als fiele man in ein Bild von M.C. Escher hinein und als würde somit ein verdrehter Raum in der Zeit ausgedehnt; als würde das Bild also verfilmt. Und darum geht es am Ende in diesem Film: Er präsentiert sich selbst als höhere Dimension. Denn einen Film sehen oder, eigentlich, erfahren heißt, in einen dynamisierten Raum oder eine verräumlichte Zeit einzutauchen (um die Immersionsmetapher noch einmal zu gebrauchen).[15] Auf seine Weise ist er also ein Raum-Zeit-Kontinuum. Und wir, die Zuschauer, sind wie Cooper eine Brücke, dieses Mal aber zwischen der Innenwelt des Films und der Außenwelt der Realität. Wir sind dieses vermittelnde Glied, weil wir selbst gespalten sind zwischen leibhafter und imaginierter Existenz. Leibhaft gehören wir zu der einen, imaginär aber auch zur anderen Welt. Daher ist im Prinzip Kommunikation zwischen den beiden Welten möglich, sie gelingt aber nur indirekt via En- und Decodierung eines komplexen relationalen Zeichengefüges.

Ich darf also zum Schluss eine frohe Botschaft verkünden: Wir, die Liebhaber des Kinos, *sind* bereits in einer Dimension, in der wir Raum und Zeit manipulieren können. Das Kino ist die triviale Existenzform dieser plastischen Raumzeit. Das mehrfach zitierte Leitmotiv von INTERSTELLAR, Dylan Thomas' Gedichtzeile: »Do not go gentle into that good night ... Rage, rage against the dying of the light«,[16] könnte so einen sanften, ja humoristischen Beiklang bekommen und der Humorlosigkeit des Films entgegenwirken:[17] »Verfluch den Tod des Lichts mit aller Macht« heißt dann: Verlass das Kino, das Lichtspielhaus, so spät wie irgend möglich. Geh erst gelassen in die gute Nacht, wenn das Kino Pause macht.

Anmerkungen

1 Die Betonung liegt hier auf *(best looking)* man, der Verbindung von Kantigkeit und Feinheit, Intelligenz und Sanftheit, Verschlagenheit und Charme. Clooney bleibt demgegenüber das Kind im Mann, das mit den Frauen spielen will; der kleine Junge, der mit seinem Augenaufschlag die Mutter um den Finger wickelt. Ähnlich wie Marcello Mastroianni, nur dass der auch noch durch einen melancholischen Gesichtszug verführt.
2 John Dewey: Kunst als Erfahrung. Frankfurt/Main 1988, S. 48; im amerikanischen Original: »There is that meal in a Paris restaurant of which one says: ›that was an experience.‹ It stands out as an enduring memorial of what food may be.« In: J.D.: Art as Experience. New York 1980, S. 36. – Nach den schrecklichen Ereignissen um den Terroranschlag in Paris vom 13.11.2015 ist es geradezu unmöglich, diesen Satz Deweys nicht mit einem traumatischen, ja womöglich zynischen Beiklang zu lesen.
3 »Diese *dialektische* Bewegung, welche das Bewusstsein an ihm selbst, sowohl an seinem Wissen als an seinem Gegenstande ausübt, *insofern ihm der neue wahre Gegenstand* daraus *entspringt*, ist eigentlich dasjenige, was *Erfahrung* genannt wird.« In dieser Ansicht zeigt sich also der vermeintliche neue Gegenstand im fortgesetzten Erfahrungsprozess »als geworden, durch eine *Umkehrung des Bewußtseins* selbst«. In: G.W.F. Hegel: Werke in zwanzig Bänden. Bd. 3: Phänomenologie des Geistes. Hg. v. Eva Moldenhauer u. Karl Markus Michel. Frankfurt/Main 1970, S. 78 f.
4 Die folgenden Ausführungen greifen zurück auf: Josef Früchtl: Das unverschämte Ich. Eine Heldengeschichte der Moderne. Frankfurt/Main 2004, S. 361 ff., 382 f.
5 Vgl. Martin Heidegger: Der Ursprung des Kunstwerks. Stuttgart 1960, S. 47 ff.
6 Vgl. Hans Blumenberg: »›Nachahmung der Natur‹. Zur Vorgeschichte der Idee des schöpferischen Menschen«. In: H.B.: Wirklichkeiten in denen wir leben. Stuttgart 1981, S. 55–104.
7 Vgl. Holger Dambeck: »Physiker über INTERSTELLAR«. In: Spiegel Online, 22.11.2014. (www.spiegel.de/wissenschaft/natur/film-interstellar-wahrscheinlich-gibt-es-wurm loecher-gar-nicht-a-1004209.html). Vgl. auch Kip S. Thorne: The Science of »Interstellar«. New York 2014. Thorne, ein renommierter Astrophysiker, fungierte als Berater für den Film.
8 Vgl. Christoph Demmerling / Hilge Landweer: Philosophie der Gefühle. Von Achtung bis Zorn. Stuttgart, Weimar 2007, S. 127 ff.
9 Vgl. etwa Andreas Busche: »INTERSTELLAR: Was sucht der Mensch im Wurmloch?«: »Gegen die Macht der Liebe sind die Gravitationskräfte eines Schwarzen Lochs Kinkerlitzchen.« In: Die Zeit, 4.11.2014. Positiv dagegen: »… overriding message about the powerful forces of the one thing we all know but can't measure in scientific terms. Love«. Richard Roeper: »INTERSTELLAR: Epic Beauty In Its Effects and Its Ideas«. In: Chicago Sun Times, 4.11.2014. Eine »symbiosis« zwischen Natur- und Geisteswissenschaften, Wissenschaft und Glaube sieht David Brooks: »Love and Gravity«. In: The New York Times, 13.12.2014.

10 Damit ist selbstverständlich mehr gemeint als die Suche nach Mustern und Algorithmen, die der Beantwortung von Fragen dienen wie denen, welche Chancen es gibt, die große Liebe zu finden, und welche Wahrscheinlichkeit besteht, dass diese Liebesbeziehung hält. Vgl. Hannah Fry: Die Mathematik der Liebe. Von der Berechenbarkeit eines großen Gefühls. Frankfurt/Main 2015.

11 Theodor Kaluza und Oskar Klein haben schon sehr früh behauptet, dass man die Relativitätstheorie nur dann mit befriedigenden Ergebnissen durchrechnen kann, wenn man weitere Dimensionen hinzunimmt. So rechnete Kaluza 1921 die Relativitätstheorie mit fünf Dimensionen durch. Seine und Kleins Theorie konnte sich aber nicht durchsetzen. Stattdessen wird gegenwärtig die String-Theorie favorisiert, nach der die Energiesaiten, die *strings*, in höherdimensionalen Bereichen schwingen und sich daher ein Multiversum ergibt. Nur wenige Physiker sind gegenwärtig der Meinung, die Weltformel generell sei eine Illusion. Vgl. Jim Holt: Gibt es alles oder nichts? Eine philosophische Detektivgeschichte. Aus dem Englischen v. Hainer Kober. Reinbek bei Hamburg 2014, S. 197, 209, 213. Der Impuls zum fundamentalistischen Reduktionismus scheint in dieser Wissenschaft also ungebrochen.

12 Vom »self-consistency principle« spricht der russische Physiker Igor D. Novikov: The River of Time. Cambridge 1998, S. 254.

13 Die Tatsache, dass eine Regalwand mit Büchern das trennende und verbindende Element zwischen den Welten und Zeiten darstellt, ist für den Effekt der Tesseraktszene von erheblicher Bedeutung. Wäre die Tochter in einem Barbiepuppen-Zimmer aufgewachsen oder hätte das Zimmer die dunkle Gruftie-Aura einer Frühpubertierenden, würde der Film sogleich mehr in Richtung des Fantasy- oder Horror-Genres tendieren.

14 »INTERSTELLAR begreift das Medium Film nicht als Entschleierung der Natur, sondern als Flattern des Schleiers der Kunst im Wind der Ideen.« Dietmar Dath: »Fliehkraft liebt Schwerkraft«. In: Frankfurter Allgemeine, 5.11.2014. Der Film sei »brainy, barmy and beautiful to behold ... a mind-bending opera of space and time with a soul wrapped up in all the science«, schreibt auch James Dyer: »INTERSTELLAR: Star Trek into Greatness«. In: Empire, 28.10.2014.

15 Vgl. Erwin Panofsky: »Stil und Medium im Film«. In: E.P.: Stil und Medium im Film & Die ideologischen Vorläufer des Rolls-Royce-Kühlers. Frankfurt/Main 1993, S. 19–57, bes. S. 25: »Die spezifischen Möglichkeiten des Films lassen sich definieren als *Dynamisierung des Raumes* und entsprechend als *Verräumlichung der Zeit*.« Vgl. auch Noël Carroll: »Towards an Ontology of the Moving Image«. In: Cynthia A. Freeland (Hg.): Philosophy and Film. New York 1995, S. 68–85; Martin Seel: Ästhetik des Erscheinens. München, Wien 2000, S. 289 ff.

16 In der deutschen Übersetzung von Curt Meyer-Clason: »Geh nicht gelassen in die gute Nacht ... Im Sterbelicht sei doppelt zornentfacht«; in der Übersetzung von Johanna Schall: »Geh nicht gelassen in die gute Nacht ... Verfluch den Tod des Lichts mit aller Macht« (http://kulturtipp.trendresistent.com/2013/11/11/dylan-thomas-geh-nicht-gelassen-in-die-gute-nacht/).

17 Humor ist auf den hochintelligenten, sprechenden und multifunktionalen Roboter TARS beschränkt. Seine Humor-Programmierung wird von Cooper beim zweiten gemeinsamen Flug auf 75 und – mit einem Anflug von Lächeln – sogar auf 60 Prozent reduziert.

Tomorrowland ist abgebrannt

Das Problem der positiven Zukunft in der Science-Fiction

Von Simon Spiegel

>>**W**irklich, ich lebe in finsteren Zeiten.« – Betrachtet man das zeitgenössische Science-Fiction-Kino, so erscheint der Beginn von Bertolt Brechts berühmtem Gedicht *An die Nachgeborenen* denkbar passend. Ob SNOWPIERCER (2013; R: Bong Joon-ho), ELYSIUM (2013; R: Neill Blomkamp), MAD MAX: FURY ROAD (2015; R: George Miller) oder *Young Adult Dystopias* wie die DIVERGENT-, MAZE RUNNER- oder THE HUNGER GAMES-Serien, das Bild ist stets das gleiche: Verwüstung, Gewalt und tyrannische Schreckensherrschaften, so weit das Auge reicht. Im heutigen Kino scheint die Zukunft nur noch in Form dystopischer und postapokalyptischer Szenarien darstellbar.

Diese Flut an düsteren Zukunftsentwürfen ist auch dem Feuilleton nicht verborgen geblieben. »Schwarzsehen ist wieder in!«, schreibt etwa Stefan Volk auf *Spiegel Online*,[1] und mit ihm machen sich zahlreiche andere Autoren Gedanken darüber, warum Schreckensbilder derzeit so erfolgreich sind – auch und gerade bei einem jugendlichen Publikum. Handelt es sich bei Filmen wie THE HUNGER GAMES (Die Tribute von Panem – The Hunger Games; 2012; R: Gary Ross) – dem erfolgreichsten der genannten Beispiele – um kapitalistischen Agitprop, wie Andrew O'Hehir auf *Salon.com* vermutet,[2] um konservative Indoktrination, wie Ewan Morrison im *Guardian* nahelegt,[3] oder ist die Sache nicht ganz so dramatisch, wie Volk selbst meint? Was immer auch zutreffen mag, die Dominanz des Düsteren, die derzeit im Science-Fiction-Kino zu beobachten ist, scheint die Leute umzutreiben.

Zumindest aus dramaturgischer Sicht gibt es eindeutige Gründe, warum Dystopien so populär sind: Unglück ist erzählerisch interessanter als eitel Sonnenschein. Jede Geschichte braucht einen Konflikt, und genauso wie die erfüllte Liebe narrativ weitaus weniger ergiebig ist als das Liebesleid, so bieten auch Katastrophen die besseren Plots als idyllische Verhältnisse. Es ist denn auch kein Zufall, dass die bekannten Werke der dystopischen Literatur – von George Orwells *Nineteen Eighty-Four* (1949) und Ray Bradburys *Fahrenheit*

451 (1953) über *A Clockwork Orange* (1962) bis eben zu Suzanne Collins' *The Hunger Games*-Büchern (2008–10) – allesamt den Weg auf die Leinwand gefunden haben, während die Verfilmung positiver Entwürfe wie Thomas Morus' *Utopia* (1516), Edward Bellamys *Looking Backward: 2000–1887* (*Ein Rückblick aus dem Jahr 2000 auf das Jahr 1887*; 1888) oder H.G. Wells' *A Modern Utopia* (1905) nach wie vor aussteht.

Eine wirklich neue Entwicklung – darauf weist auch Volk in seinem Artikel hin – sind die Dystopien zumindest im Kino allerdings nicht. Spätestens seit den 1970er Jahren dominieren im Science-Fiction-Film die negativen Entwürfe; positive Welten, wie sie etwa STAR TREK zeigt, waren schon immer in der Minderheit (und auch STAR TREK kommt in den einzelnen Folgen nicht ohne Konflikte – oft kriegerischer Art – aus). Andererseits verzichten nur wenige filmische Dystopien ganz auf eine positive Note; vielmehr enden Filme, die eine totalitäre Zukunft entwerfen, wie THX 1138 (1971; R: George Lucas), LOGAN'S RUN (Flucht ins 23. Jahrhundert; 1976; R: Michael Anderson) oder EQUILIBRIUM (2002; R: Kurt Wimmer) meist mit der Überwindung des jeweiligen Schreckensregimes oder zumindest der erfolgreichen Flucht des Protagonisten und eröffnen damit so etwas wie einen utopischen Horizont.

Was außerdem gerne vergessen wird, wenn man Filme als direkten Spiegel politischer und sozialer Entwicklungen versteht: Das ressourcenintensive Medium Film unterliegt wirtschaftlichen Zwängen, die für andere erzählende Formen nur begrenzt gelten. So dürfte die Allgegenwart dystopischer Science-Fiction auch mit einer veränderten Zusammensetzung des Publikums und damit verbunden mit einer anderen Produktionsstrategie der großen US-Studios zusammenhängen. In den 1950er Jahren waren sowohl Science-Fiction-Filme als auch Filme, die sich primär an ein junges Publikum richteten, noch B-Produktionen. Längst aber bilden Teenager die finanziell wichtigste Zuschauergruppe, und aufwändige Science-Fiction-Blockbuster, die auf allen verfügbaren medialen Kanälen vermarktet werden, sind zu einer tragenden Säule der US-Filmindustrie geworden. Science-Fiction ist heute Mainstream und somit schlicht viel präsenter als noch vor 15 oder 25 Jahren. Die Tatsache, dass diese Filme heute ganz selbstverständlich im gehobenen Feuilleton diskutiert werden, ist dafür der beste Beleg.

Eine positive Zukunftsvision

Was immer auch die Gründe für den Dystopie-Boom sein mögen – anstatt ein weiteres Mal Überlegungen darüber anzustellen, wie die düsteren Zukunftsprognosen zu deuten sind, möchte ich einen Film genauer betrachten, der sich erklärtermaßen gegen den Trend stellt. Brad Birds TOMORROWLAND (2015), im deutschsprachigen Raum vertrieben unter dem Titel A WORLD BEYOND, ist von seinen Machern explizit als Antidot gegen die angeblich grassierende Zukunftsmüdigkeit gedacht. So erklärt Bird in einem der Making-ofs auf der Blu-ray: »The promise of TOMORROWLAND is the direct result of the collective imagination of what tomorrow can be. People have to believe that tomorrow is in their power and we can use that to build the positive future.«

Das eigentliche Problem ist für Bird, dass wir heute allenthalben mit entmutigenden Nachrichten überschüttet werden. Am deutlichsten inszeniert wird das im Film in einer Sequenz zu Beginn, die den Schulunterricht der Protagonistin, des aufgeweckten Teenagers Casey (Britt Robertson), als eine einzige Abfolge von Hiobsbotschaften präsentiert. In der Schule scheint sie nur zu lernen, dass die Welt kurz vor dem – militärischen und ökologischen – Kollaps steht. Nicht einmal die Literatur bietet einen Ausweg; das Thema, das ihr Englischlehrer in einer Szene behandelt, ist die literarische Dystopie. Auf ihre Frage aber, wie man die Probleme beheben könne, erhält Casey lediglich ein hilfloses Schweigen als Antwort.

Der wenig hoffnungsvollen Gegenwart stellt der Film das titelgebende »Tomorrowland« gegenüber. Was es mit diesem sagenhaften Ort genau auf sich hat, ob er im All, in der Zukunft oder einer anderen Dimension angesiedelt ist, wird im Film selbst nicht recht klar. Nach dem offiziellen Begleitroman *Before Tomorrowland* sowie dem von Disney betriebenen Wiki handelt es sich dabei um »a special dimension in time and space that resembles a futuristic version of Earth«.[4] Entdeckt wurde diese neue Dimension von einer Gruppe namens Plus Ultra, einem von Nikola Tesla, Thomas Edison, Gustave Eiffel und Jules Verne – das Disney-Wiki erwähnt zudem H.G. Wells – ins Leben gerufenen Geheimbund. Ziel von Plus Ultra ist das Vorantreiben wissenschaftlich-technischer Erkenntnis jenseits von Machtpolitik, Intrigen und kommerziellen Interessen. In Tomorrowland dürfen sich die Mitglieder von Plus Ultra – zu denen in der Frühphase auch die Flugpionierin Amelia Earhart, Albert Einstein, Mark Twain, Orson Welles, Howard Hughes und Fritz Lang gehören – austoben; hier können sie die bessere Zukunft erschaffen, die in unserer Alltagswelt nicht mehr möglich scheint.

Nimmt man diese Vision halbwegs ernst, springen mehrere bedenkliche Punkte ins Auge. So ist der Ansatz von Plus Ultra hochgradig elitär; wer unter welchen Bedingungen Mitglied der Vereinigung wird und Zutritt zu Tomorrowland erhält, ist unklar, der Geheimbund legt niemandem gegenüber Rechenschaft ab. Zwar haben die Mitglieder angeblich das Wohl der Menschheit vor

Augen, jegliche Form von sozialer oder politischer Kontrolle wird aber strikt abgelehnt. Tomorrowland ist, so heißt es an einer Stelle im Film explizit, »a place free from politics and bureaucracy, distractions, greed«. Man kann geteilter Meinung sein, ob dieser Ansatz, der Politik nur als lästiges Hindernis und nicht als Grundbedingung menschlichen Zusammenlebens versteht, bloß naiv oder schon ideologisch problematisch ist. Auf jeden Fall durchzieht dieses Verständnis den ganzen Film. Die Probleme, mit denen Casey im Schulunterricht konfrontiert wird – Kriege, Terrorismus, die drohende Klimakatastrophe –, erscheinen folglich nicht als Konsequenz politischer, sozialer oder wirtschaftlicher Begebenheiten, sondern als Resultat fehlenden guten Willens. Ließe man die »geniuses, the artists, the scientists, the smartest, most creative people in the world« bloß in Ruhe gewähren, würden sich die Lösungen von selbst einstellen.

Dass der Film nicht als ernst zu nehmende Analyse der Gegenwart und erst recht nicht als Gegenentwurf taugt, dürfte kaum jemand bestreiten. Ohnehin erfahren wir jenseits einiger futuristischer Ansichten nicht allzu viel über das Leben in Tomorrowland. Aufschlussreicher ist, wie Bird und sein Ko-Autor und -Produzent Damon Lindelof ihr Plädoyer für mehr Vertrauen in die Zukunft inszenieren.

Ein Märchen der Zukunft

Auch TOMORROWLAND hat das Problem, dass eine glückliche Welt keine brauchbare Handlung abwirft, weshalb das eigentliche Anliegen des Films mit einem Märchenplot ummantelt wird: Das titelgebende Land wird nicht mehr vom rechtmäßigen guten König, sondern von einem bösen Zauberer beherrscht, mit der Folge, dass die ganze Welt unglücklich ist. Nur ein Ritter reinen Herzens kann unter Anleitung einer guten Fee diesen Bösewicht bezwingen. Zutritt zum verwunschenen Land erhält der Ritter aber erst, wenn er zuvor die schlafende Prinzessin wach küsst. Der böse Zauberer ist in diesem Fall ein engstirniger Bürokrat namens Nix (Hugh Laurie), der im Paradies für Kreative mit eiserner Hand herrscht. Den Part des mutigen Ritters übernimmt Casey, die vom Robotermädchen Athena angeleitet wird. Als schlafende Prinzessin schließlich agiert der verkrachte Erfinder Frank Walter (George Clooney). Er wurde als Junge nach Tomorrowland eingelassen, später wegen unbotmäßigen Verhaltens aber von Nix verstoßen. Seither lebt er zurückgezogen von der Welt und weidet sich an seinem Zynismus.

Dieser Plot, der mit dem eigentlichen Thema des Films nur insofern etwas zu tun hat, als Casey in Walker den Optimismus neu entfachen muss, ansonsten aber gängigen Actionmustern folgt – bald ist Casey vor Nix' Schergen auf der Flucht –, wird äußerst umständlich, mit mehreren Prologen und erzählerischen Verschachtelungen dargeboten. Tatsächlich dürften die verhaltenen Reaktionen der Kritiker und der Misserfolg an der Kinokasse primär an den erzählerischen Schwächen des Films liegen. Es dauert

Der mutige Ritter: Casey muss Tomorrowland, das in der Ferne leuchtet, retten

sehr lange, bis die Handlung in Gang kommt, wobei bis zum Schluss nicht recht klar wird, worum es eigentlich geht. Caseys Ziel – die Rettung Tomorrowlands – bleibt abstrakt, was insofern nicht erstaunlich ist, als das Wunderland ohnehin nur als Platzhalter für den propagierten Zukunftsoptimismus fungiert.

Zwei Dinge stehen in TOMORROWLAND sinnbildlich für eine optimistische Sicht auf die Zukunft. Da wäre zum einen die Raumfahrt. Casey ist die Tochter eines ehemaligen NASA-Mitarbeiters, der wegen Sparmaßnahmen entlassen wurde. Dass dies nicht nur eine persönliche Tragödie darstellt, wird spätestens dann klar, als Casey den Abbruch der nahe gelegenen Raketen-Abschussrampe sabotiert. So wie sie in der Schule die Einzige ist, die die anstehenden Probleme lösen will, so kann sie auch nicht akzeptieren, dass die USA ihre Ambitionen im Weltraum zurückfahren. TOMORROWLAND verknüpft hier den Niedergang des US-Raumfahrtprogramms direkt mit dem schwindenden Glauben an eine bessere Zukunft (der Film weist hier Parallelen zu Christopher Nolans INTERSTELLAR [2014] auf, der ebenfalls mit einem alleinerziehenden ehemaligen NASA-Angestellten und seiner cleveren Tochter beginnt, die es ins All zieht). Das Raumfahrt-Thema kommt in TOMORROWLAND auch später zum Tragen, als Casey auf der Suche nach Informationen über das Wunderland einen Laden mit SF-Fan-Artikeln betritt. Das Erste, was beim Öffnen der Türe auf der Tonspur zu hören ist, sind Neil Armstrongs berühmte Worte beim Betreten der Mondoberfläche.

Wie ernst es den Filmemachern mit der Raumfahrt ist, illustriert ein kurzer Dokumentarfilm auf der Blu-ray mit dem vielsagenden Titel REMEMBERING

Die schlafende Prinzessin: Der junge Frank Walker fliegt mit seinem Raketenrucksack vor der Skyline von Tomorrowland

THE FUTURE: A PERSONAL JOURNEY THROUGH TOMORROWLAND WITH BRAD BIRD (2014). Die Filmcrew verfolgt hierin auf dem Dach des Firmengebäudes den letzten Huckepackflug eines Space Shuttles. Ein trauriger Tag, wie Bird meint, und TOMORROWLAND sei »a movie about the very sad reality we are experiencing today«. Damon Lindelof beschreibt das Ereignis, das sie auf dem Dach verfolgen, als geradezu emblematisch für den Geist ihres Films: »We are at a crossroads. We can decide that it's not worth exploring space any more or we can decide that the exploration has just begun. That the future has unlimited possibilities.«

Die Erforschung des Alls wird mit einer positiven Sicht auf die Zukunft gleichgesetzt. Vollkommen vergessen wird dabei, dass das Apollo-Programm genau das Gegenteil des Ideals von Plus Ultra verkörpert. Nicht individualistische Genies waren es, die die Mondlandung ermöglicht haben, sondern ein von staatlicher Seite initiiertes gigantisches Entwicklungsprogramm. Ein Programm notabene, das es ohne den Kalten Krieg in dieser Form kaum je gegeben hätte. Just die verhassten »politics and bureaucracy« machten es möglich, dass Neil Armstrong am 20. Juli 1969 den Mond betreten konnte.

Simon Spiegel

Im Dialog mit der Science-Fiction

Als zweites Sinnbild für eine positive Sicht auf die Zukunft fungiert in TOMORROWLAND die Science-Fiction selbst. Der Film ist gespickt mit Referenzen auf die Geschichte des Genres, besonders prominent im bereits erwähnten Fanshop, der vollgestopft ist mit Requisiten und Memorabilien früherer Filme: u.a. der STAR WARS-Reihe, GOJIRA (Godzilla; 1954; R: Ishirô Honda), FORBIDDEN PLANET (Alarm im Weltall; 1956; R: Fred M. Wilcox), PLANET OF THE APES (Planet der Affen; 1968; R: Franklin J. Schaffner) und CLOSE ENCOUNTERS OF THE THIRD KIND (Unheimliche Begegnung der dritten Art; 1977; R: Steven Spielberg). Auch der Name des Ladenbesitzers – er heißt Hugo Gernsback – ist ein wenig diskreter Verweis auf die Geschichte der Science-Fiction: Gernsback war ein aus Luxemburg in die USA eingewanderter Techniknarr, der sich als Verleger von Zeitschriften wie *The Electrical Experimenter*, *Modern Electrics* und *Amazing Stories* betätigte. Gernsback wird gerne als Vater der Science-Fiction bezeichnet, da er maßgeblich dazu beitrug, sie als eigenständiges Genre auf dem Markt zu etablieren. Als Geburtsstunde wird oft das Erscheinen der Erstausgabe von *Amazing Stories*, dem ersten Magazin, das ausschließlich Science-Fiction enthielt, im April 1926 angesetzt (allerdings sprach Gernsback damals noch von »scientifiction« und nicht von »science fiction«).

Der Bezug auf die Geschichte des Genres setzt sich im Roman *Before Tomorrowland* fort; eine der Hauptfiguren ist eine begeisterte SF-Leserin, und wichtige Teile der Handlung spielen an der ersten World Science Fiction Convention, kurz Worldcon, von 1939. Hier haben nicht nur bekannte Größen

SF-Fanshop *Blast from the Past*: Nicht Vision einer möglichen Zukunft, sondern Geschichte der Science-Fiction

wie Isaac Asimov, Ray Bradbury und Lester del Rey kurze Auftritte, man erfährt zudem, dass Science-Fiction ursprünglich von Plus Ultra lanciert wurde – Gernsback war ebenfalls Mitglied der Gruppe –, um die Menschheit auf die kommenden technischen Wunder vorzubereiten.

TOMORROWLAND tritt somit ganz bewusst in einen Dialog mit der Geschichte des Genres. Das Genre wird als das ideale Medium dargestellt, den Weg in eine leuchtende Zukunft zu ebnen. Und Birds Film wiederum scheint als konsequente Weiterführung dieser ehrbaren Tradition.

Diese Beschwörung einer zukunftsfreudigen Science-Fiction erweist sich bei genauerer Betrachtung aber nicht nur als selektiv, sondern – entgegen dem eigenen Anspruch – auch als rückwärtsgewandt. Was Casey in dem Laden, der sinnigerweise *Blast from the Past* heißt, antrifft, ist nicht die Vision einer möglichen Zukunft, sondern die *Geschichte* der Science-Fiction. Kaum ein Film, der hier vertreten ist, ist jünger als 30 Jahre; zu den wenigen Ausnahmen gehören unter anderem Birds eigene Arbeiten THE IRON GIANT (Der Gigant aus dem All; 1999) und THE INCREDIBLES (Die Unglaublichen – The Incredibles; 2004).

Das Memorabilien-Sammelsurium in *Blast from the Past* stellt dabei keineswegs eine Ausnahme innerhalb des Films dar, vielmehr tritt in dieser Szene besonders deutlich zutage, was für den ganzen Film gilt: Der Zukunftsoptimismus von TOMORROWLAND ist ein historischer. Die Zukunft, der Bird und Konsorten nachtrauern, ist eine vergangene, die mittlerweile Patina angesetzt hat, der Blick des Films ist entsprechend nicht nach vorne, sondern zurück gerichtet. Das wird schon in einem der Prologe deutlich, der 1964 auf der Weltausstellung in New York spielt – unterlegt von dem ursprünglich für diesen Anlass komponierten Disney-Song *There's a Great Big Beautiful Tomorrow*. Wir sehen den kleinen Frank Walter, der seine erste große Erfindung, einen beinahe funktionstüchtigen Raketenrucksack, vorführen will, vom miesepetrigen Nix aber rüde abgekanzelt wird. Die kindlich-unschuldige Begeisterung Franks inmitten des futuristischen Settings der Weltausstellung, die Erinnerung an eine Zeit, als die Zukunft noch verheißungsvoll war, ist der eigentliche emotionale Kern von TOMORROWLAND. Es geht nicht um die freudige Antizipation des Kommenden, sondern um den nostalgischen Blick zurück in eine Zeit, als die Zukunft – respektive der Blick auf sie – noch jung war.

Erinnerung an die Zukunft

Die 1960er Jahre dürften zumindest in der westlichen Welt tatsächlich eine Zeit des Optimismus gewesen sein, in der technischer Fortschritt und wirtschaftlicher Aufschwung insgesamt positiv konnotiert waren und man sich über mögliche Folgen für die Umwelt und allfällige Grenzen des Wachstums noch keine großen Gedanken machte. Ob diese Haltung nun tatsächlich Ausdruck von Optimismus oder nicht doch eher von Naivität ist, steht dabei auf einem anderen Blatt. Für TOMORROWLAND ist diese Frage ohnehin nicht so wichtig, da die Perspektive hier keine gesamtgesellschaftliche, sondern eine individuell-subjektive ist. Der Zukunftsoptimismus des Films ist jener des staunenden Franks von 1964, und so ist es nur folgerichtig, dass das Tomorrowland von 2015 ästhetisch wie eine Weiterführung der Streamline-Architektur der New Yorker Weltausstellung erscheint.

Die Verquickung von nostalgischer Retrospektive und (vermeintlichem) Blick nach vorne, die TOMORROWLAND prägt, ist ein, wie ich in meiner Studie *Die Konstitution des Wunderbaren* zeige,[5] in der Science-Fiction häufig zu beobachtendes Phänomen. Zentral ist hierbei der sogenannte *Sense of Wonder*, ein Gefühl erhabener Ergriffenheit, bei der das Individuum angesichts der gigantischen Kräfte des Universums eine existenzielle Erschütterung erfährt. In den Augen vieler Fans stellt der *Sense of Wonder*, der zahlreiche Gemeinsamkeiten mit Edmund Burkes und Immanuel Kants klassischen Beschreibungen des Erhabenen aufweist, das entscheidende Merkmal herausragender Science-Fiction dar. Mit ihren endlosen Weiten, exotischen Welten und fremdartigen Wesen ist sie besonders geeignet, diese Empfindung hervorzurufen.

Der *Sense of Wonder* steht am Beginn vieler Science-Fiction-Karrieren, und er ist seinem Wesen nach eine Adoleszenz-Erfahrung. Das Gefühl, dass sich beim Lesen eines Buchs, beim Sehen eines Films – aber auch beim Hören eines Songs – mit einem Schlag eine ganze neue Welt eröffnet, ist typisch für die schwärmerisch-unsichere Zeit des Teenagerdaseins. Nicht von ungefähr wird man meist in diesem Lebensabschnitt zum Fan und nicht später, wenn man sich halbwegs in der Welt eingerichtet hat. Es liegt zudem in der Natur des *Sense of Wonder*, dass er nicht beliebig wiederholbar ist, dass sich seine Wirkung schnell verbraucht. Dennoch ist es nicht zuletzt der Wunsch, stets von Neuem von einem Roman oder Film komplett in den Bann geschlagen zu werden, der viele Fans antreibt. Das Fan-Dasein kann somit, etwas überspitzt formuliert, als permanenter Versuch verstanden werden, wieder an den Punkt zurückzukehren, an dem man noch für die umstürzende Kraft der Science-Fiction empfänglich war. Ein in Fankreisen gerne zitierter Spruch bringt es auf den Punkt: »The real golden age of science fiction is twelve.«

So sehr sie vordergründig auch den optimistischen Blick nach vorne beschwören, in gewisser Weise scheint es Brad Bird und seinem Team durchaus bewusst zu sein, dass die Emotion, um die es in TOMORROWLAND in Wirklichkeit geht, Nostalgie ist. Dass Bird selbst 1969, im Jahre der Mondlandung, just zwölf Jahre alt war, ist zwar wohl nur ein Zufall, andere Hinweise auf den Zusammenhang von Zukunftsbegeisterung und Nostalgie sind dagegen weniger spekulativ. Neben den bereits erwähnten Referenzen auf die glorreiche Vergangenheit der Science-Fiction sowie Namen und Titeln wie *Blast from the Past* oder REMEMBERING THE FUTURE wäre hier vor allem das Verhältnis zwischen dem Film und dem für die Produktion verantwortlichen Studio, den Walt Disney Studios Motion Pictures, zu erwähnen.

Die Zukunft nach Disney

Der Filmtitel ist keine Schöpfung von Bird oder Lindelof, er hat vielmehr eine lange Tradition im Disney-Konzern: Tomorrowland war eines der Themenländer, die bei der Eröffnung von Disneyland am 17. Juli 1955 in Betrieb gingen; mittlerweile wurde die Anlage mehrfach überarbeitet und hat Ableger in anderen Disney-Freizeitanlagen erhalten. »Tomorrowland« ist somit zumindest in den USA ein etabliertes Label, und der gleichnamige Film stellt wie schon das PIRATES OF THE CARIBBEAN-Franchise den Versuch dar, den Erfolg einer etablierten Themenpark-Attraktion auf eine Filmreihe auszudehnen.

Obwohl Birds Film nur versteckte Verweise auf seinen Ursprung im Mäusekonzern enthält, steht er doch ganz deutlich in einer von Walt Disney begründeten Tradition. Der legendäre Studiogründer war nämlich nicht nur ein begnadeter Filmemacher und Geschäftsmann, sondern auch ein Utopist. So konservativ Disney in politischen und gesellschaftlichen Fragen sein konnte, so progressiv war er im technischen Bereich. Er war ein Pionier in Sachen Animation, Farbfilm und Tontechnik, der sich nicht scheute, große finanzielle Risiken einzugehen, wenn ihn ein neues technisches Verfahren überzeugte. Seine Technikbegeisterung beschränkte sich dabei keineswegs auf die Filmproduktion. Er interessierte sich für Roboter und warb in seinen Fernsehprogrammen ebenso für die Raumfahrt wie für die Atomkraft. So ist es denn auch nur folgerichtig, dass Disney in *Before Tomorrowland* ebenfalls als Mitglied von Plus Ultra aufgeführt wird (ein Detail, das im Film nicht vorkommt, aber in einer auf YouTube verfügbaren *deleted scene* erwähnt wird. Auch die Werbekampagne zum Film stellte entsprechende Bezüge her).[6]

Die Disney-Vergnügungsparks sind ebenfalls in diesem Kontext zu sehen. Disneyland und besonders das 1971, fünf Jahre nach Disneys Tod eröffnete Walt Disney World in Florida waren für ihn stadtplanerische Visionen, regelrecht utopische Orte. Damit ist nicht nur gemeint, dass die Themenparks perfekt durchorganisierte und von der Außenwelt abgeschirmte Einrichtungen darstellen – ganz wie die Insel der klassischen utopischen Romane –, sondern auch, dass sie eine – bessere, technisch avancierte – Zukunft inszenieren. So zeigte das Tomorrowland von Disneyland bei seiner Eröffnung die Welt des Jahres 1986, inklusive eines simulierten Flugs in einer Mondrakete.

Für die um ein Vielfaches größere Anlage in Florida wollte Disney noch weiter gehen. Als Herzstück von Walt Disney World war Epcot geplant, eine futuristische Stadt, die nicht bloß Attraktionen bieten, sondern in der Menschen tatsächlich leben sollten und in der man als Besucher quasi live miterleben konnte, wie die Zukunft entstand. Als Epcot 1982 schließlich eröffnet wurde, war von diesen hochtrabenden Zielen zwar nur noch wenig übrig geblieben; der ursprüngliche Impetus, dass die Themenparks auf eine bessere Zukunft verweisen, ist aber nach wie vor präsent und lebt auch in Birds Film weiter. Im Grunde ist das Tomorrowland von Plus Ultra die konsequente Umsetzung von Disneys ursprünglicher Vision für Epcot (diese Verbindungen werden im Begleitmaterial der Blu-ray und in auf YouTube verfügbaren Featurettes explizit gemacht).[7]

Die Zukunft nach Disney ist dabei eine ganz eigene. Technische Progressivität und reaktionäre Ansichten sind hier ebenso wenig ein Widerspruch wie gesellschaftlicher Fortschritt und kapitalistisches Profitdenken. Und über allem thront der gütige Onkel Walt, der weiß, was für seine Kinder am besten ist.

Besonders eigentümlich präsentiert sich die Zeit in Disneys Freizeit-Utopie; Vergangenheit und Gegenwart verschmelzen hier regelrecht. Einerseits veralten die futuristischen Anlagen mit der Zeit zwangsläufig und können schließlich nur noch durch ihren retrofuturistischen Charme überzeugen. Die Zukunft der Disney-Parks ist – entgegen der Idee hinter Epcot – eine eingefrorene. Darin gleichen sie den Weltausstellungen, die ebenfalls für einen begrenzten Zeitraum ein Stück statische Zukunft präsentieren. Diese Parallelen sind kein Zufall. Disney war ein enthusiastischer Befürworter der Weltausstellungen; 1964 beteiligte er sich mit großem Einsatz an der New York Ausgabe. Insgesamt vier Pavillons – jeweils für unterschiedliche Auftraggeber – stammten von Disney; drei wanderten nach Ausstellungsende schließlich nach Disneyland. Die Weltausstellungen waren somit wichtige Impulsgeber für die Themenparks, und Disney beschrieb Epcot auch als »a permanent World's Fair«.[8] TOMORROWLAND spielt auf diesen Zusammenhang an: In der Sequenz auf der Weltausstellung gelangt der junge Frank über die von Disney entworfene Themenfahrt *it's a small world*, die Teil des von Pepsi-Cola gesponserten UNICEF-Pavillons war, nach Tomorrowland.

Die Disney-Parks sind aber in einem noch fundamentaleren Sinn zeitliche Anomalien: In ihnen verschmelzen Fortschrittsglaube und Nostalgie zu einer neuen Form der Zeitwahrnehmung. Die Themenparks sind nicht nur räumlich von der Umgebung abgeschottet – ein Aspekt, der Disney bei Walt Disney World besonders wichtig war –, sie fallen regelrecht aus der Zeit. Analog zu seinen Märchenfilmen und -bauten, die die Sehnsucht nach einer – europäisch anmutenden – Vergangenheit mit Zuckerbäckerschlössern und Prinzessinnen

Von der Weltausstellung nach Tomorrowland: Die Stadt der Zukunft erweist sich als Vision der 1960er Jahre

zelebrieren, die es so nie gab, ist auch die imaginierte Zukunft immer schon nostalgisch eingefärbt. Und was für die Architektur gilt, wird auch auf Seite der Parkbesucher zelebriert. Der Aufenthalt im Park selbst ist immer schon nostalgisch verbrämt; bereits in der Warteschlange wird die glückselige Erinnerung an den Besuch heraufbeschworen. Die Disney-Parks sind somit in mehrfacher Hinsicht zeitlos (was sie ebenfalls mit den klassischen Utopien verbindet), und die in ihnen gezeigte Zukunft ist letztlich ebenso ein Märchen wie die Vergangenheit – was sich auch am Plot von TOMORROWLAND zeigt.

Diese spezielle Form einer im Vornherein nostalgisch verklärten Zukunft erscheint in konzentrierter Form im Disney-Logo zu Beginn des Films. Das Signet mit den Umrissen des von Neuschwanstein inspirierten Sleeping-Beauty-Schlosses, des Wahrzeichens von Disneyland, kam erstmals 1985 im Vorspann des Animationsfilms THE BLACK CAULDRON (Taran und der Zauberkessel; R: Ted Berman, Richard Rich) zum Einsatz. Seither wurde es vielfach variiert, mittlerweile oft mit visuellen Anspielungen an den jeweiligen Filminhalt. So verfügt das Schloss im Vorspann von PLANES (2013; R: Klay Hall) über einen Leuchtturm, an dem zwei Jets vorbeidonnern. In TOMORROWLAND wurde das Sleeping-Beauty-Schloss komplett ersetzt, an seiner statt ist nun die Skyline von Tomorrowland zu sehen, die sich aber nahtlos in das vertraute märchenhafte Bild einfügt. Ob Märchenschloss oder futuristische Szenerie – bei Disney ist das kein allzu großer Unterschied.

Zum Schluss: Die Gegenwart

Dystopische Schreckensszenarien auf der einen und nostalgische Verklärung auf der anderen Seite – sind das die einzigen Optionen, die das Genre bietet? Es gibt selbstverständlich auch andere Varianten, doch führt diese Frage in meinen Augen ohnehin ein wenig in die Irre. Denn letztlich sagt die Science-Fiction, und das ist mittlerweile schon eine Plattitüde der Forschung, weitaus mehr über die Zeit ihres Entstehens, über Hoffnungen, Wünsche und Ängste einer Gesellschaft aus als über eine mögliche Zukunft. In diesem Sinne handelt Science-Fiction weder von der Zukunft noch von der Vergangenheit, sondern ist vielmehr konzentrierte Gegenwart.

Anmerkungen

1 Stefan Volk: »Zurück in die Zukunftsangst«. In: Spiegel Online, 24.11.2014 (www.spiegel.de/einestages/tribute-von-panem-1984-soylent-green-dystopien-im-kino-a-996023.html).
2 Andrew O'Hehir: »DIVERGENT and HUNGER GAMES As Capitalist Agitprop«. In: Salon.com, 22.3.2014 (www.salon.com/2014/03/22/divergent_and_hunger_games_as_capitalist_agitprop).
3 Ewan Morrison: »YA dystopias teach children to submit to the free market, not fight authority«. In: The Guardian, 1.11.2014 (www.theguardian.com/books/2014/sep/01/ya-dystopias-children-free-market-hunger-games-the-giver-divergent).
4 Jeff Jensen / Jonathan Case: Before Tomorrowland. Zu einer Poetik des Science-Fiction-Films. Los Angeles, New York 2015; »Tomorrowland (location)«. In: The Disney Wiki (http://disney.wikia.com/wiki/Tomorrowland_(location)).
5 Simon Spiegel: Die Konstitution des Wunderbaren. Marburg 2007.
6 TOMORROWLAND | WHAT IS TOMORROWLAND CLIP (https://youtu.be/vP_Ed_403dY).
7 TOMORROWLAND (2015) – VISIONS OF TOMORROW (https://youtu.be/wdK9ZFviS0c).
8 Zitiert nach Cher Krause Knight: Power and Paradise in Walt Disney's World. Gainesville 2014, S. 104.

Wie man Katastrophen überlebt
Die Zerstörung der Umwelt und Visionen einer postapokalyptischen Zukunft im amerikanischen Science-Fiction-Kino
Von Christine Cornea

Science-Fiction-Filme setzen sich kritisch mit unseren sozialen und politischen Verhältnissen auseinander – das ist im Großen und Ganzen unbestritten. Selbst wenn man nicht so weit gehen will, sie als mögliche Ursache eines politischen und gesellschaftlichen Wandels zu sehen, zeigt doch ein Blick selbst noch auf Hollywood-Blockbuster: Science-Fiction-Filme werden nicht nur produziert, weil sie das Bedürfnis nach Eskapismus und Unterhaltung bedienen und sich mit ihnen Geld verdienen lässt, sie werden auch genutzt, um relevante Themen unserer Gegenwart zu kommentieren. Durch die Verlängerung gesellschaftlicher, politischer und wissenschaftlicher Gegenwartstrends in die Zukunft hinein vermag uns das Genre deren Konsequenzen vor Augen zu führen – in optimistischen Zukunftsentwürfen einer besseren Welt oder aber mit abschreckenden Beispielen für die Katastrophen, in die gegenwärtige Entwicklungen münden könnten. So dürfte es wohl auch kaum Zufall sein, dass der Science-Fiction-Film ausgerechnet in den 1950er Jahren in Hollywood seinen Siegeszug antritt: Indem die Filme aus dieser Zeit Kapital aus einem beeindruckenden Arsenal an visuellen Überwältigungsstrategien und Symbolen schlagen, beschäftigen sie sich mit den Ängsten, die durch die Konfrontation der Machtblöcke im Kalten Krieg ausgelöst wurden. Filme wie THE DAY THE EARTH STOOD STILL (Der Tag, an dem die Erde stillstand; 1951; R: Robert Wise), THE WAR OF THE WORLDS (Kampf der Welten; 1953; R: Byron Haskin), INVADERS FROM MARS (Invasion vom Mars; 1953; R: William Cameron Menzies), THEM! (Formicula; 1954; R: Gordon Douglas) und EARTH VS. THE FLYING SAUCERS (Fliegende Untertassen greifen an; 1956; R: Fred F. Sears), warnen kaum verhüllt vor kommunistischer Unterwanderung und atomaren Gefahren, indem sie das Publikum mit furchteinflößenden Szenen von der Vernichtung der Welt durch Invasoren aus dem All oder strahlenverseuchte Mutanten konfrontierten.

Dieses Motiv der Zerstörung globalen Ausmaßes knüpft an apokalyptische Erzählungen an, die gewöhnlich eher mit dem theologischen Begriff der Eschatologie verbunden sind. Mit dem Apokalyptischen als Element eines ansonsten säkularen Genres hat sich erstmals Susan Sontag in ihrem einflussreichen Essay *The Imagination of Disaster* (*Die Katastrophenphantasie*; 1965) auseinandergesetzt. Mit Blick auf die Science-Fiction-Filme aus den 1950er Jahren attestiert sie dem Genre eine »Ästhetik der Destruktion«.[1] Sontag bezeichnet Science-Fiction-Filme aus Hollywood als »Banalität« und »Ablenkung«, setzt ihren offenkundigen Nihilismus dabei aber in Verbindung mit der Erkenntnis einer »kollektiven Einäscherung und Auslöschung, der [der Mensch] jederzeit und ohne Vorwarnung zum Opfer fallen konnte«.[2]

1993 aktualisiert Mick Broderick diesen Gedanken in seinem Essay *Surviving Armageddon*, indem er Filmen aus den 1970er und 80er Jahren eine »erkennbare Verlagerung weg von Katastrophenfantasien hin zu Überlebensfantasien« attestiert und postapokalyptische Erzählungen als eine Untergattung der Science-Fiction identifiziert.[3] Anders als die säkularen apokalyptischen Erzählungen der Hollywood-Science-Fiction, in denen die Ereignisse vor Eintritt der Katastrophe im Mittelpunkt stünden, sei das Kennzeichen postapokalyptischer Erzählungen, dass sie sich mit den Überlebenskämpfen eines Einzelnen oder einer vom Zufall zusammengewürfelten Gruppe befassen, die sich nach Eintritt der Katastrophe in einer veränderten Welt auf eine ungewisse Zukunft einzustellen versuchen.

Wie Sontag konzentriert Broderick sich bei seiner Interpretation der sozialen und kulturellen Bedeutung dieser Filme auf das Motiv der atomaren Vernichtung, wenn auch unter den veränderten historischen Rahmenbedingungen zur Zeit ihrer Entstehung. Das führt dazu, dass bei ihm Beispiele, die sich etwa dem damals aktuell werdenden Thema Umweltschutzbewegung widmen, unberücksichtigt bleiben. Filme wie NO BLADE OF GRASS (1970; R: Cornel Wilde), SILENT RUNNING (Lautlos im Weltraum; 1972; R: Douglas Trumbull), SOYLENT GREEN (… Jahr 2022 … die überleben wollen; 1973; R: Richard Fleischer) und DAY OF THE ANIMALS (Panik in der Sierra Nova; 1977; R: William Girdler) reflektieren nicht so sehr die Gefahren des Kalten Krieges als vielmehr solche, die aus dem anhaltenden Bevölkerungswachstum und der fortschreitenden Umweltzerstörung erwachsen.

In den 1960er Jahren setzen auflagenstarke Sachbücher wie Rachel Carsons *Silent Spring* (*Der stumme Frühling*),[4] Ralph Naders *Unsafe at Any Speed*,[5] Paul und Anne Ehrlichs *The Population Bomb* (*Die Bevölkerungsbombe*)[6] öffentliche Diskussionen über und Proteste gegen den Einsatz von Pestiziden, Luft- und Wasserverschmutzung, Zersiedelung und Ausbeutung der natürlichen Ressourcen in Gang. Die Ausrufung des Earth Day und die Gründung der US-Umweltschutzbehörde 1970 sowie des Umweltprogramms der Vereinten Nationen 1972 bezeugen ein wachsendes öffentliches und politisches Interesse an Fragen des Umweltschutzes. Wichtig für unseren Zusammenhang ist die Verbindung zwischen umweltpolitischen Aktivitäten und dem Motiv der Apokalypse. In ihrer Übersicht über die bekannte Umweltliteratur seit *Silent Spring* weisen Jimmie Killingsworth und Jacqueline Palmer darauf hin, dass apokalyptische Erzählungen »zum Standardrepertoire der Polemik von Umweltschützern gehören und als geeignetes rhetorisches Mittel dienen, um der Fortschrittsgläubigkeit und der mit ihr einhergehenden Erzählung vom Sieg des Menschen über die Natur ihrer Gegner etwas entgegenzuhalten.«[7] Das Motiv der Postapokalypse ist in der ökologisch orientierten Literatur dieser Zeit noch wenig verbreitet, obwohl *A Fable for Tomorrow*, das kurze Eingangskapitel von Carsons *Silent Spring*, mit seinem Rückblick aus einer fiktiven Zukunft auf die Zeit vor Eintritt der Katastrophe bereits einen der Grundsätze des Genres erfüllt. Seine Aussage wurde häufig mit dem Argument zu entkräften versucht, es handele sich um Belletristik, nicht um wissenschaftlich fundierte Erkenntnisse. Diese kritische Reaktion auf Carsons Buch mag einer der Gründe dafür sein, dass sich das Postapokalyptische als Erzählmittel in dieser Literaturgattung nicht durchzusetzen vermochte. Denn während apokalyptische Befürchtungen als Motiv der Argumentation in der Diskussion von Umweltschützern noch eher verdeckt wirken können, würde die fiktionale Ausgestaltung des Postapokalyptischen unweigerlich in den Vordergrund treten. Die Befürchtung, dem Vorwurf der Unwissenschaftlichkeit Vorschub zu leisten, könnte demnach erklären, warum in der Umweltliteratur dieser Zeit das Postapokalyptische keine große Rolle spielt. Diese klare Abgrenzbarkeit von fiktionalen und tatsächlichen Bedrohungen spielte, wie die unten aufgeführten Beispiele zeigen, im Science-Fiction-Film natürlich keine Rolle, weswegen dort der Verwendung des Motivs der Apokalypse zur Darstellung und Reflexion umweltpolitischer Themen nichts im Wege stand.

SILENT RUNNING ist ein besonders anschauliches Beispiel dafür. Der Film spielt in einer Zukunft, in der das reine Gewinnstreben der Menschen dem natürlichen Leben auf der Erde ein Ende gesetzt hat. Die wenigen Exemplare von Pflanzen und Tieren, die gerettet werden konnten, befinden sich unter riesigen Glaskuppeln an Bord einer Flotte amerikanischer Raumschiffe. Der Botaniker Freeman Lowell (Bruce Dern) ist auf einem dieser Raumschiffe mit der Aufgabe betraut, die Biotope zu erhalten, in der Hoffnung, dass die Lebewesen eines Tages auch wieder auf der Erde angesiedelt werden können. Als die Besatzungen der Schiffe von der Bodenstation den Befehl erhalten, die Glaskuppeln zu sprengen und die Raumschiffe zu kommerziellen Zwecken einzusetzen, widersetzt sich Lowell dem Befehl und entscheidet sich dafür, Flora und Fauna auf seinem Schiff zu retten.

Christine Cornea

Pflanzen und Tiere, die man von der Erde retten konnte, befinden sich unter riesigen Glaskuppeln an Bord amerikanischer Raumschiffe: SILENT RUNNING

Der Film führt uns das Schreckbild einer durch und durch von kapitalistischen Interessen geprägten Welt vor Augen, in dem globale Unternehmen das natürliche Ökotop der Erde zerstört haben. Lowells Ausstieg aus diesem auf Gewinnmaximierung abzielenden System findet symbolischen Ausdruck im Bild des Raumschiffs, das sich bei seinem Versuch, die letzten überlebenden Wälder vor der Vernichtung zu retten, immer weiter von der Erde entfernt. Aus der fragilen Sicherheit der Glaskuppel wirft Lowell durch sein Fernrohr einen letzten Blick auf seinen Heimatplaneten. Das eindrucksvolle Bild der aus dem Weltraum betrachteten Erde, das die ganze Leinwand einnimmt, ist – im buchstäblichen wie im übertragenen Sinne – unauflöslich mit der Perspektive des leidenschaftlichen Umweltschützers Lowell verbunden.

In *Earthrise: How Man First Saw the Earth* von Robert Poole findet sich der Hinweis, dass die frühe Ökologiebewegung Anfang der 1970er Jahre, obwohl sie das US-Raumfahrtprogramm grundsätzlich ablehnte, keinerlei Bedenken hatte, die von der Besatzung der Apollo 8 geschossenen Fotos von der Erde zu vereinnahmen.[8] Ikonische Bilder aus dem Weltraum wie *Earthrise* (1968) und *Blue Marble* (1972) wurden zu Symbolen der Umweltschutzbewegung, die zwar nur wenig Interesse an der Erforschung des Weltalls und ihrem Beitrag zur technischen Vormachtstellung der USA im Kalten Krieg aufbrachte, dafür aber umso mehr für die negativen Auswirkungen der menschlichen Gesellschaft auf die Natur und das Überleben des Planeten. Dem entspricht in SILENT RUNNING die Gegenüberstellung

Wie man Katastrophen überlebt

Bruce Dern in der Rolle des Botanikers Freeman Lowell in SILENT RUNNING

eines globalen Unternehmenskapitalismus und des gegen-hegemonialen Globalismus der Umweltbewegung.

Die in vielen Science-Fiction-Filmen aus den 1970er Jahren explizit thematisierte Umweltzerstörung greifen die Filme aus den 1980er und 90er Jahren häufig eher als Hintergrundmotiv auf, etwa in Form der verkommenen, überbevölkerten Stadt in ESCAPE FROM NEW YORK (Die Klapperschlange; 1981; R: John Carpenter), der denaturierten Welt in BLADE RUNNER (1982; R: Ridley Scott) und des atomaren Ödlands in TESTAMENT (Das letzte Testament; 1983; R: Lynne Littman). Direkt angesprochen werden solche Themen zu dieser Zeit nur in sehr seltenen Fällen. Vollends zum Lippenbekenntnis verkommen sie dann etwa in INDEPENDENCE DAY (1996; R: Roland Emmerich), der sich thematisch wie viele andere Filme aus den 1990er Jahren vor allem mit den Folgen neuer Computertechnologien und des Internets beschäftigt. Hier nehmen Befürchtungen über die Zerstörung der Umwelt parodistische Züge an, wenn der von Jeff Goldblum gespielte Satellitentechniker David Levinson sich selbst vom Kampf mit den Eindringlingen aus dem All nicht davon abhalten lässt, wiederholt zum Recyceln zu ermahnen. Auch in dem kurz auftauchenden Bild der umweltverseuchten »realen Welt« im 1999 erschienenen THE MATRIX (R: Geschwister Wachowski) werden Ängste vor den Folgen der Umweltzerstörung angesprochen.

Dass ökologische Aspekte infolge der Wirtschaftskrise in den 1970er Jahren und der wieder aufflackernden Spannungen zwischen den Machtblöcken im Kalten Krieg Anfang der 1980er Jahre an den Rand der politischen Agenda gedrängt wurden, mag nachvollziehbar sein. Noch vor Amtsantritt von US-Präsident Bill Clinton 1993 hatte der Umweltgipfel der Vereinten Nationen 1992 allerdings dem Thema wieder zu politischer Bedeutung verholfen, und das globale Ausmaß gewisser Umweltprobleme war inzwischen wissenschaftlich belegt. Wissenschaftliche Erkenntnisse über die Folgen des sauren Regens, das Ozonloch und Treibhausgase wiesen überzeugend nach, wie sehr vor allem die Industrienationen die Umwelt schädigten.

Clintons neoliberale Wirtschaftspolitik stand unter dem Zeichen der Globalisierung. In seiner Rede zur Lage der Nation 1998 erklärte er, dass die USA die Welt »auf neue Höhen des Friedens und des Wohlstands führen« würden.[9] Durch den Ausbau des Computermarktes in den 1980ern und des Internets in den 1990ern wurde der blitzschnelle Austausch von Ideen und Informationen über nationale Grenzen hinweg möglich, was wiederum die wirtschaftliche Globalisierung durch multinationale Konzerne vorantrieb. Angesichts der wachsenden wissenschaftlichen Erkenntnisse auf dem Feld der Ökologie brachte Präsident Clinton die seiner Ansicht nach erforderliche ökonomische Globalisierung häufiger mit Fragen des Umweltschutzes in Verbindung. So heißt es etwa in seiner Rede vor der Welthandelsorganisation 1998: »Ein Zuwachs an Handel sollte und kann den Umweltschutz verbessern, nicht vermindern.«[10] Nichtstaatliche Umweltschutzorganisationen dagegen betrachteten das Vorgehen der multinationalen Konzerne in immer stärker werdendem Maße als Beitrag zur Beschleunigung der weltweiten Umweltzerstörung. Auch das Thema globale Erderwärmung – heute weitgehend durch den Begriff globaler Klimawandel ersetzt – wurde im Vorfeld des Protokolls von Kyoto zum Rahmenübereinkommen der Vereinten Nationen über Klimaänderungen 1997 heftig debattiert.

Vor diesem gesellschaftlichen und politischen Hintergrund mag es überraschen, wie selten der Klimawandel in Science-Fiction-Filmen der 1990er Jahre zum Thema wird. Eine Ausnahme bildet die postapokalyptische Zukunft in WATERWORLD (1995; R: Kevin Reynolds). Die Handlung spielt, wie der Titel zu erkennen gibt, in einer Zukunft, in der die Polkappen geschmolzen sind und die Erde fast vollständig von Wasser bedeckt ist. Die wenigen Menschen, die die Katastrophe überlebt haben, fristen auf rostenden Öltankern und Schiffwracks ihre Existenz.

Der »Mariner« (Kevin Costner) bestreitet seinen Lebensunterhalt, indem er das Meer durchfährt und Handel treibt. Auf seinen Reisen begegnet er einem jungen Mädchen (Tina Majorino) in Begleitung ihrer Beschützerin Helen (Jeanne Tripplehorn) und macht sich mit beiden gemeinsam auf die Suche nach *Dryland*, dem mythisch gewordenen Festland. Obwohl WATERWORLD in mancher Hinsicht an Science-Fiction-Filme aus den 1970er Jahren erinnert, in denen ökologische Gesichtspunkte einbezogen wurden, bestehen doch einige wichtige Unterschiede. So liefert WATERWORLD nur sehr vage Hinweise darauf, welche Ursachen der Anstieg des Meeresspiegels hat, und hält sich mit jeder Art politischer Bewertung sehr zurück. Zudem durchquert der Öko-Kreuzfahrer bei seinen Erkundungszügen eine große, weite Welt, die einen starken Kontrast bildet zu den äußerst beengten, überbevölkerten Orten, in denen die Protagonisten der 1970er-Jahre-Filme leben, mit einem durch die beginnende ökologische Katastrophe eingeschränkten Bewegungsspielraum. Dieser Wechsel lässt sich als ein Hinweis auf ein geschärftes Bewusstsein für ökologisches Engagement lesen: Die Reisen des Mariners erfüllen den Zweck, dem Zuschauer die globalen Ausmaße der Probleme, vor denen die Überlebenden stehen, überdeutlich vor Augen zu führen, während sein Blickwinkel sowie der Blickwinkel seiner weiblichen Mitreisenden die Gegenperspektive zum globalen Neoliberalismus darstellen.

Im Gegenwartskino seit der Jahrhundertwende befassen sich einige berühmte amerikanische Science-Fiction-Filme mit den Motiven Klimawandel und Umweltzerstörung. Den Anfang macht Roland Emmerichs postapokalyptischer Blockbuster THE DAY AFTER TOMORROW (2004), gefolgt von dem »ökologischen« Remake von THE DAY THE EARTH STOOD STILL (Der Tag, an dem die Erde stillstand; 2008; R: Scott Derrickson), AVATAR (2009; R: James Cameron) sowie Beispielen jüngeren Datums wie AFTER EARTH (2013; R: M. Night Shyamalan), OBLIVION (2013; R: Joseph Kosinski) und INTERSTELLAR (2014; R: Christopher Nolan). Der Bezug auf Ikonografie und Charaktere aus den Vorgängerfilmen ist unübersehbar, gelegentlich finden sich sogar direkte Verweise auf frühere Filme mit Umweltschutzthematik. Ein hervorstechendes Merkmal der meisten dieser neueren Science-Fiction-Filme aber ist, dass sie sich bei den in den 1970er Jahren populär werdenden postapokalyptischen Erzählungen bedienen.

Bei allen Ähnlichkeiten mit ihren Vorläufern sind diese neueren Filme jedoch in einem geopolitischen Kontext entstanden, der sich seit den 1970er Jahren und seit Clintons Regierungszeit grundlegend verändert hat. Jan Aart Scholte hat darauf hingewiesen, dass »seit 2001 nicht mehr ›das Internet‹, sondern ›9/11‹ zur beherrschenden Metapher der Globalisierung geworden ist«,[11] und ich möchte dem noch hinzufügen, dass die Präsidentschaftsjahre von George W. Bush (2001–09) nicht nur den sogenannten »Krieg gegen den Terror« mit sich gebracht haben, sondern auch den sofortigen Ausstieg der USA aus dem Kyoto-Protokoll. Im Mittelpunkt des kurz nach diesen Ereignissen entstandenen Katastrophenfilms THE DAY AFTER TOMORROW steht die Reise des einzelgängerischen US-Paläoklimatologen Jack Hall (Dennis Quaid), der seinen Sohn (Jake Gyllenhaal) vor dem Erfrierungstod in New York zu bewahren versucht. Der Film lässt keinen Zweifel an seiner Einstellung zur US-Klimapolitik aufkommen, denn bereits in der Eingangsszene findet mit Anspielung auf den Rückzug aus dem Kyoto-Protokoll eine »Konferenz der Vereinten Nationen zur Erderwärmung« statt. Im Unterschied zu dem berühmten Fernsehfilm, an den der Titel erinnert, THE DAY AFTER (1983; R: Nicholas Meyer) und der sich mit den Auswirkungen eines Atomkriegs befasst, gehen die Gefahren im Remake vom Klimawandel aus. Und in Anspielung auf SILENT RUNNING wird die Erzählung immer wieder mit Aufnahmen aus der Internationalen Raumstation durchsetzt, von der aus die Astronauten fassungslos die plötzlichen radikalen Wetterumschwünge auf der Erde beobachten.

Dieses Motiv des Überlebens der Menschheit nach einer globalen Katastrophe, auf dem die Handlung in THE DAY AFTER TOMORROW beruht, wird in den anderen genannten aktuellen Filmen entscheidend abgeändert. Zwar tritt auch im Remake von THE DAY THE EARTH STOOD STILL an die Stelle der atomaren Bedrohung die Gefahr der Umweltzerstörung, und auch die Dynamik, die aus dem Streit zwischen Wissenschaftlern, der UN und der US-Regierung erwächst, ähnelt der bei Emmerich. Nur geht es nun nicht mehr allein um das Überleben der Gattung Mensch, sondern vielmehr um das Überleben des ganzen Planeten. Anders als im Original von 1951 landen die Außerirdischen nicht mehr auf der Erde, um die Menschheit vor der Selbstzerstörung zu bewahren, sondern um den Planeten von ihr zu befreien und sein Überleben zu sichern. Dieser Wechsel der Erzählperspektive ist auch für AVATAR charakteristisch, in dem es sogar um das Überleben eines fremden Planeten namens Pandora und seiner Ureinwohner geht, die vor menschlichem Zugriff bewahrt werden müssen. Am deutlichsten ist dieser Perspektivwechsel aber wohl in den Filmen, die nach dem Scheitern der UN-Klimakonferenz 2009 entstanden sind, als es nicht gelang, ein rechtlich verbindliches Vertragswerk für die Senkung der Kohlendioxidemissionen zu vereinbaren. In AFTER EARTH und OBLIVION besteht keine Hoffnung mehr für die Zukunft menschlichen Lebens auf der Erde oder für den Planeten selbst. Im ersteren Film kann die Erde nur überleben, weil sie für die Menschen unbewohnbar geworden ist, im letzteren ist der Planet nach der Ausbeutung der Ressourcen durch Außerirdische (lies: Unternehmen) weitgehend zerstört worden.

Auch INTERSTELLAR präsentiert dem Publikum ein postapokalyptisches Bild einer weitgehend entvölkerten und von den Folgen des Klimawandels verheerten Erde. Die Menschen in dieser Zukunftswelt haben den Glauben an die Verheißungen der Wissenschaft und Raumfahrt aufgegeben, wie deutlich wird, als sich der Protagonist Cooper (Matthew McConaughey) von der Lehrerin seiner Tochter zurechtweisen lassen muss, die Apollo-Raumfahrtmissionen und die Mondlandungen hätten nie stattgefunden, sondern seien reine Propaganda gewesen. Der ehemalige NASA-Pilot Cooper, der unter seiner neuen Rolle als hart arbeitender Farmer im dürregeplagten amerikanischen *corn belt*

Von der Internationalen Raumstation aus werden die Astronauten zu Zeugen eines die ganze Welt erfassenden Supersturms: THE DAY AFTER TOMORROW

ohnehin zu leiden hat, ist von dieser Behauptung zutiefst aufgewühlt. In einem vertraulichen Gespräch mit seinem Vater (John Lithgow) erklärt Cooper: »Haben wir etwa völlig vergessen, wer wir mal waren? Wir waren mal Entdecker, Pioniere, nicht bloß Hausmeister wie jetzt.« Sein Vater versucht ihn zu beruhigen: »Als ich klein war, hatte ich den Eindruck, jeden Tag wird was Neues erfunden, irgendein Ding oder eine Idee, als wäre täglich Weihnachten. Sechs Milliarden Menschen – stell dir das doch nur mal vor –, und jeder von ihnen wollte auf nichts verzichten. Die Welt von heute ist nicht so schlecht, wie du denkst.« Cooper, der sich von dieser Geschichtsdeutung seines Vaters nicht besänftigen lässt, entgegnet: »Früher haben wir zum Himmel aufgeblickt und uns überlegt, wo unser Platz auf den Sternen ist. Jetzt schauen wir zu Boden und machen uns Gedanken über unseren Platz im Dreck.«

In diesem Vater-Sohn-Gespräch kommen die Verbindungen zwischen exzessivem Konsum, wirtschaftlicher Globalisierung und den unwirtlichen Lebensbedingungen der im Film geschilderten Gegenwart also ausdrücklich zur Sprache. Die Handlung folgt dann allerdings nicht der Frage, wie sich die Fehler aus der Vergangenheit wiedergutmachen lassen, sondern führt den Zuschauer mit Cooper zurück zur NASA und auf einen gefährlichen Erkundungszug durchs Weltall, um potenzielle neue Heimatorte für die Menschheit zu finden. Bevor das Forschungsteam freiwillig zu seiner gefährlichen Reise aufbricht, macht Professor John Brandt (Michael Caine), der Leiter des Forschungsprogramms, unmissverständlich klar, worin der Sinn der wissenschaftlichen Mission besteht: »Unser Ziel ist nicht, die Erde zu retten, sondern sie zu verlassen.« Von diesem Kommentar beflügelt, glaubt Cooper, dass die Mission die beste Hoffnung für

INTERSTELLAR: Nachdem ein Sturm über die Farm von Cooper und seiner Familie hinweggezogen ist, wirkt die Landschaft wie vom tödlichen Staub erstickt

das Überleben der Menschheit bietet. Wie vor ihm Freeman Lowell in SILENT RUNNING und die Astronauten in THE DAY AFTER TOMORROW erhält auch er Gelegenheit, aus dem Weltraum einen letzten Blick auf seinen Heimatplaneten zu werfen. Seine Abschiedsworte, gerichtet an einen Kollegen aus dem Forscherteam: »… ein perfekter Planet, so einen werden wir wohl nicht mehr finden.« Obwohl in dieser Szene das Motiv der amerikanischen Apollo-Missionen und das der Ökologiebewegung anklingen, geht sie doch in ihrer Tragweite über die Vorgängerfilme hinaus. Cooper schaut auf die Welt bereits mit einem nostalgischen Blick in die Vergangenheit und ist fest entschlossen, alle Verbindungen zu ihr zu kappen sowie sich von seiner Verantwortung für Heimat, Familie und den Planeten loszusagen, um der Menschheit eine Zukunft zu ermöglichen. Das neuere Science-Fiction-Kino hat sich demnach mit dem Gedanken bereits abgefunden, dass die Menschheit zu einem tragfähigen Kompromiss mit der Erde nicht imstande zu sein scheint und ihre einzige Hoffnung darin besteht, sich auf einem anderen Planeten heimisch zu machen.

Wie wir gesehen haben, sind globaler Klimawandel und Umweltzerstörung im neueren Science-Fiction-Film ein recht häufiges Thema, und Hollywood wählt dafür mit besonderer Vorliebe den Erzählrahmen einer postapokalyptischen Zukunft. Wie die politische Wirksamkeit und soziale Funktion dieser Filme zu beurteilen ist, darüber herrscht in der theoretischen Auseinandersetzung alles andere als Einigkeit. Ob diese Hollywoodfilme als reine Geldmacherei, als Eskapismus, Polit-Sedativum oder aber als abschreckende Lehrstücke zu betrachten sind, die auf die Wichtigkeit der ökologischen Frage aufmerksam machen und Handlungsaufforderungen enthalten, ist weiterhin Gegenstand einer lebhaften Debatte.

Mir persönlich erscheint es naiv, an einen Hollywoodfilm in Hinblick auf sein Eintreten für den politischen oder gesellschaftlichen Wandel dieselben Erwartungen zu stellen wie etwa an ein Sachbuch zum Thema Umweltschutz oder einen Dokumentarfilm, der von Anhängern der Ökologiebewegung gedreht wird. Schließlich handelt es sich um Blockbuster, die kommerziellen Zwecken dienen und Gewinne einspielen müssen und die, wie Susan Sontag schreibt, mit der Darstellung von Weltuntergangsszenarien ihren Zuschauern ein gewisses Vergnügen bereiten. Doch indem sie weltweit ein großes Publikum erreichen, tragen sie dazu bei, dass die Umweltthematik nicht aus dem Bewusstsein der Öffentlichkeit verschwindet – und darin liegt, scheint mir, ein nicht zu unterschätzender Beitrag.

Übersetzung aus dem Englischen: Anne Vonderstein

Anmerkungen

1 Susan Sontag: »The Imagination of Disaster«. In: Commentary, 10/1965, S. 44 (dt.: S.S.: »Die Katastrophenphantasie«. In: S.S.: Kunst und Antikunst. Frankfurt/Main 1982, S. 279–298; hier: S. 283).
2 Ebd., S. 292–298, hier 296.
3 Mick Broderick: »Surviving Armageddon: Beyond the Imagination of Disaster«. In: Science Fiction Studies, Vol. 20, 1993, S. 362.
4 Rachel Carson: Silent Spring. Boston 1962.
5 Ralph Nader: Unsafe at Any Speed: The Designed-In Dangers of the American Automobile. New York 1965.
6 Paul Ehrlich / Anne Ehrlich: The Population Bomb. New York 1968.
7 Jimmie Killingsworth / Jacqueline Palmer: »Millennial Ecology: The Apocalypse Narrative from *Silent Spring* to *Global Warming*«. In: C.G. Herndl / S.C. Brown (Hg.): Green Culture: Environmental Rhetoric in Contemporary America. Madison 1996, S. 21.
8 Robert Poole: Earthrise: How Man First Saw the Earth. New Haven, London 2008, S. 152–159.
9 PBS NewsHour, Transcript: »President Bill Clinton's 1998 State Of The Union Address« (www.pbs.org/newshour/bb/white_house-jan-june98-state_of_the_union/).
10 World Trade Organization, Transcript: »Geneva WTO Ministerial 1998: Statement by H.E. Mr. William J. Clinton, President« (www.wto.org/english/thewto_e/minist_e/min98_e/anniv_e/clinton_e.htm).
11 Jan Aart Scholte: »Forward«. In: Markus Kornprobst / Vincent Pouliot / Nisha Shah / Ruben Zaiotti (Hg.): Metaphors of Globalization: Mirrors, Magicians and Mutinies. Basingstoke, New York 2008, S. vii.

When Galaxies Collide ...

STAR TREK und STAR WARS im transmedialen Vergleich

Von Andreas Rauscher

Die unendlichen Weiten des STAR TREK-Universums und die schwierigen Familienverhältnisse der Skywalkers gehören seit Jahrzehnten zum popkulturellen Alltag. Ihre Ausgestaltung und Interpretation setzt sich über die Filme und Serien hinaus in den unterschiedlichsten Medien fort – von Romanen und Comics bis zu Videospielen und Fan-Fiction. Selbst wenn man keinen der seit 1977 produzierten STAR WARS-Filme gesehen und nur einen flüchtigen Blick auf die seit 1966 in fünf Serien und 13 Kinofilmen fortgesetzten Abenteuer des *Raumschiffs Enterprise* und seiner Nachfolger riskiert hat, lassen sich die ikonischen Erscheinungsbilder von Darth Vader und Mr. Spock auf Anhieb zuordnen.

Auch mehrere Jahrzehnte nach ihren Anfängen erhält ein zentraler Aspekt das Interesse an STAR TREK und STAR WARS aufrecht: Ausgehend von einigen einfachen Spielregeln lassen sich die Inhalte beider Universen immer wieder neu auslegen, dabei können sogar kritische Alternativen zur jeweils ursprünglichen Konstellation entworfen werden. Im Mikrokosmos der beiden Franchise-Systeme spiegelt sich die Geschichte der neueren Science-Fiction wieder, die von Anfang an um Einflüsse aus anderen Genres, vom Western über klassische Abenteuerfilme bis hin zur Fantasy, erweitert wurde. Aus dem Spiel mit unterschiedlichsten Genreformen entstanden mentale Welten mit einer eigenen Topografie und einer inzwischen mehrere Generationen umfassenden Historie. Aus dieser enzyklopädischen Hintergrund-Mythologie ergeben sich ausbaufähige Anschlussstellen für den Transfer in andere Medien. Im Unterschied zu einfachen crossmedialen Aufbereitungen des gleichen Stoffs, etwa im traditionellen Buch oder Comic zum Film, entwerfen STAR TREK und STAR WARS transmediale Mythen-Patchworks.

Der US-Medienwissenschaftler Henry Jenkins definiert *Transmedia Storytelling* 2006 wie folgt: »Stories that unfold across multiple media platforms, with each medium making distinctive contributions to our understanding of the world, a more integrated approach to franchise development than models

When Galaxies Collide ...

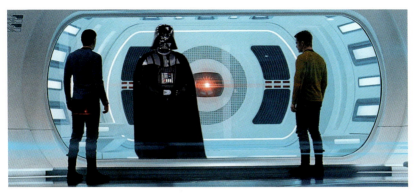

Die ikonischen Erscheinungsbilder von Darth Vader und Mr. Spock lassen sich leicht zuordnen

based on urtexts and ancillary products.«[1] Anstelle einer linear ablaufenden Heldenreise gibt es verschiedene *points of entry*,[2] über die sich ein einzelnes Segment des Universums erschließen lässt. Zwischen den STAR TREK-Serien besteht ein hochgradig komplexes und selbstkritisches Verweissystem, das eine zusätzliche Vertiefung der darin verhandelten Diskurse ermöglicht. Zugleich können die Zuschauer sich aber auch auf eine einzelne Serie beschränken, ohne gleich das komplette, um die 500 Stunden umfassende STAR TREK-Œuvre zu sichten.

Die STAR WARS-Saga gestaltet sich im Vergleich dazu mit ihrer bisherigen Fokussierung auf demnächst neun Kinofilme und deren Ableger wesentlich übersichtlicher. Die verschiedenen *points of entry* ergeben sich über die zahlreichen, verschiedene Zeitalter der weit entfernten Galaxis abdeckenden Videospiele, Comics und Romane. In den 16 Jahren zwischen STAR WARS: EPISODE VI – RETURN OF THE JEDI (Die Rückkehr der Jedi-Ritter; 1983; R: Richard Marquand) und STAR WARS: EPISODE I –THE PHANTOM MENACE (Star Wars: Episode I – Die dunkle Bedrohung; 1999; R: George Lucas) hielten die literarischen Ergänzungen der STAR WARS-Galaxis das popkulturelle Phänomen am Leben und brachten eigene Erzählzyklen hervor. Videospiele ließen in den 1990er Jahren die Fans X-Wing- und Tie-Fighter in detailverliebten Simulationen fliegen oder eine Jedi-Ausbildung absolvieren. Die transmedialen Vernetzungen beschränken sich nicht einfach auf traditionell erzählte Geschichten, vielmehr erschaffen sie im Fall von STAR TREK und STAR WARS einen Kosmos, der zugleich als Abenteuerspielplatz, als Bühne für Performances und als imaginäre, im Dialog zwischen Fans und Kulturindustrie ausgehandelte Historiografie funktioniert.

Im Folgenden wird untersucht, welche besonderen Ausprägungen die offen angelegten Mythen-Patchworks in den stilprägenden Science-Fiction-Universen von STAR TREK und STAR WARS hervorgebracht haben. Ausgehend von der Architektur und Ästhetik des Worldbuildings, wird in einem ersten Schritt die diskursive Struktur des STAR TREK-Universums und in einem zweiten Schritt die stärker an dynamischen Formen orientierte Konstruktion der STAR WARS-Galaxis diskutiert. Abschließend wird das für beide Franchises wesentliche Genre-Crossover vorgestellt, aus dem sich medienübergreifende Ansätze für Videospiel-Szenarien ergeben. Diese kursorischen Betrachtungen sollen mit den Begriffen des Mythen-Patchworks und der cineludischen Form, die sich über das Wechselspiel von Filmen und Spielen definiert, eine Alternative zu den gängigen Deutungsmustern – der linearen Heldenreise im Fall von STAR WARS, der Western-Metaphorik des »Wagon Train in Space« von STAR TREK – anbieten.[3] So treffend diese beiden etablierten Interpretationen in Hinblick auf die Entwicklung des Helden Luke Skywalker und die Rhetorik von Captain James T. Kirk auch sind, die Faszination der fortlaufenden, nicht mehr als kontinuierliche Erzählung, sondern vielmehr als navigierbare Patchworks angeordneten Abenteuer erfordert nach 50 beziehungsweise 40 Jahren weitere Erklärungen. Besonders die selbstreflexiven Ansätze in STAR TREK und der transmediale Ausbau in die Bereiche Comics, Romane und Videospiele in STAR WARS zeigen, wie sehr sich beide Franchises seit ihren Anfängen im Fernsehen der 1960er Jahre und im Kino der späten 1970er Jahre weiterentwickelt haben.

Beyond the Final Frontier – STAR TREK und das diskursive Mythen-Patchwork

Obwohl STAR WARS und STAR TREK gleichermaßen als Prototypen der transmedialen Science-Fiction gelten, bestehen nicht nur in der Länge markante Unterschiede. Beide Serien sind deutlich von ihrer Entstehungszeit geprägt. STAR WARS wurde 1977 aufgrund seines enormen Erfolges als eskapistische Abkehr vom am Autorenkino und an gesellschaftlichen Problemen interessierten New Hollywood gedeutet: Die Rückkehr zur naiv-nostalgischen Space Opera habe das krisengeplagte Publikum die sozialen Unruhen, das Misstrauen gegenüber der eigenen Regierung nach Watergate und den verlorenen Vietnamkrieg vergessen lassen. Erst zu Beginn der 1980er Jahre, als der erste STAR WARS-Film im Nachhinein zur EPISODE IV mit dem Untertitel A NEW HOPE erklärt wurde, verlieh das inzwischen berühmteste unerwartete Familientreffen der Filmgeschichte im Sequel STAR WARS: EPISODE V – THE EMPIRE STRIKES BACK (Das Imperium schlägt zurück; 1980; R: Irvin Kershner) den Charakteren mehr

Tiefe und eine komplexe Hintergrundgeschichte, die über den märchenhaften Konflikt zwischen Gut und Böse hinausging.

Die bereits von 1966 bis 1969 entstandene und vorzeitig nach drei Staffeln abgebrochene Originalserie STAR TREK war dagegen noch von der Aufbruchstimmung und Rhetorik der Kennedy-Ära geprägt. Das Weltall wurde, nachdem der Treck nach Westen schon länger an die Mauer des Pazifiks gestoßen war, als *final frontier* ausgelegt. Als 1987 die zweite TV-Serie STAR TREK: THE NEXT GENERATION (Raumschiff Enterprise – Das nächste Jahrhundert; USA 1987–94) an den Start ging, hatte sich die Bedeutung des Serienuniversums jedoch grundlegend gewandelt. Wie der Journalist Jeff Greenwald in seinem Buch *Future Perfect* erläutert: »By the time NEXT GENERATION came of age, STAR TREK was no longer about truth, justice, and the American way. It was about the global village, expanded to pan-galactic scale.«[4]

Die späteren Serien DEEP SPACE NINE (USA 1993–99), VOYAGER (USA 1995–2001) und ENTERPRISE (USA 2001–05) sind keine Fortführungen der ersten Serie im traditionellen Sinne. In ihren stärksten Momenten formulieren sie eine Kritik am allzu idealistischen und fortschrittsgläubigen Weltbild der Anfänge. Verschiedentlich an der Originalserie geübte Kritik griffen die Autorinnen und Autoren der späteren STAR TREK-Serien auf und kommentierten sie. Beispielsweise hält sich Patrick Stewart als Captain Picard aus der NEXT GENERATION, der besonderen Wert auf Diplomatie und Teamarbeit legt, bis zur Selbstaufgabe an die Prime Directive der Nichteinmischung in fremde Zivilisationen. Sein Vorgänger William Shatner alias Captain Kirk hatte hingegen kein Problem damit, sich bei Bedarf über die Regeln der intergalaktischen Diplomatie hinwegzusetzen. Picard hegt wenig Sympathie für die Cowboy-Diplomatie seines Vorgängers, stattdessen bespricht er sich bei einer Tasse Earl Grey lieber wie auf einer Teamkonferenz mit seinem gesamten Stab und wägt die verschiedenen Positionen in einem Konflikt kritisch ab. Avery Brooks als der afroamerikanische Captain Sisko der Raumstation *Deep Space Nine* kann es sich in der dritten STAR TREK-Serie wiederum gar nicht mehr leisten, die Außenperspektive von Kirk und Picard einzunehmen. Als Teil eines an die UNO-Blauhelmtruppen erinnernden Teams sieht er sich durchgehend mit Problemen konfrontiert, die nicht einfach am Ende einer Folge mit Warp-Geschwindigkeit zurückgelassen werden können. Kate Mulgrew als erster weiblicher Captain Kathryn Janeway findet sich in VOYAGER in einem entfernten Teil der Galaxie wieder, in dem die in den ersten drei Serien etablierten Spielregeln nur bedingt gelten. Die fünfte Serie ENTERPRISE schließlich wirft als Vorgeschichte einen alternativen Blick auf die Anfänge der intergalaktischen Föderation der Planeten.

Andreas Rauscher

Die Originalserie STAR TREK war von der Aufbruchstimmung der Kennedy-Ära geprägt

Im Unterschied zu den STAR WARS-Prequels steht bei der STAR TREK-Vorgeschichte der zuvor bereits in einigen Romanen entfaltete diskursiv-dialektische Rückblick auf die eigenen Anfänge im Mittelpunkt. Die als eigenständige Spin-offs konzipierten späteren Serien kommentieren das Universum ihrer Vorgänger. Am radikalsten wurde dieser Ansatz vermutlich in der DEEP SPACE NINE-Episode *Far Beyond the Stars* (*Jenseits der Sterne*) realisiert. Hier gelangt Captain Sisko in einer mentalen Reise zurück in die 1950er Jahre und sieht sich mit den realen gesellschaftlichen und kulturellen Entstehungsbedingungen der Serie konfrontiert, etwa dem latenten Rassismus und Sexismus, gegen den STAR TREK als utopisches Konzept ein Zeichen setzte.

Vor allem DEEP SPACE NINE erweist sich retrospektiv als ein prägnanter Vorläufer heutiger komplexer TV-Serien. Die Tendenz zum horizontalen Erzählen einer Ensembleserie ist hier ebenso vorausweisend wie der selbstreflexive Umgang mit Inhalt und Inszenierung. Auch die skeptischen Ambivalenzen, die die Utopie als langwierige Arbeit am Detail werten, entsprechen dem differenzierteren Weltbild neuerer Serien. Konflikte und Charaktere werden in DEEP SPACE NINE bereits über mehrere Staffeln entwickelt, und die Frau-

NEXT GENERATION: Die amerikanische Perspektive wurde auf das Global Village im gesamtgalaktischen Maßstab erweitert

enrollen sind wesentlich differenzierter gestaltet als in den Vorgängern, wie die der Sternenflotte gegenüber skeptisch eingestellte Bajoranerin Kira Nerys (Nana Visitor) und die über eine Vielzahl an Geschlechtern und Identitäten verfügende Trill-Symbiontin Jadzia Dax (Terry Farrell) zeigen.

Anspruchsvolle und komplexe TV-Serien beginnen also nicht erst mit Feuilleton-Favoriten wie THE WIRE (USA 2002–08) und BREAKING BAD (USA 2008–13).[5] Die Annäherungen an filmische Formen, die Vertiefung der Charaktere und die Ausdifferenzierung der Narration nehmen – vor und neben dem obligatorisch genannten Gesamtkunstwerk TWIN PEAKS (USA 1989–91) von David Lynch und Mark Frost – in den STAR TREK-Serien NEXT GENERATION und DEEP SPACE NINE ihren Anfang. Der kritische Dialog, der durch das Fandom als festes Kennzeichen des Serienuniversums gepflegt und eingefordert wird, prägt wesentlich das Erscheinungsbild von STAR TREK. Aus diesem Grund fallen auch die sehr solide inszenierten Blockbuster-Reboots von J.J. Abrams (2009, 2013 und 2016) im Vergleich zu ihren Vorgängern etwas aus dem Rahmen. Seine Relevanz gewinnt STAR TREK 50 Jahre nach dem Start der Originalserie nicht in Form eines nostalgischen Revivals der Anfänge, sondern als kontinuierliche

Korrektur und Aktualisierung des eigenen Serien-Mythos, in einigen Fällen auch durch die Anregungen des Fandoms. Der Ausbau des Serienkosmos folgt keiner vorgegebenen teleologischen Struktur, sondern ergibt sich vielmehr aus den in der Handlung thematisierten Diskursen, die aktuelle gesellschaftliche Entwicklungen und Akzentverschiebungen der Science-Fiction einbeziehen. Die 2017 über Netflix verbreitete neue Serie STAR TREK DISCOVERY wird an diese Tradition anknüpfen, indem beispielsweise einer der Protagonisten offen homosexuell sein wird (nachdem bereits im Kinofilm STAR TREK BEYOND [2016; R: Justin Li] Sulu aus der klassischen Besatzung sein spätes Coming-out hatte). Der in der Fan-Fiction reflektierte Subtext früherer Serien wird als Zeichen der gesellschaftlichen Emanzipation somit in der Handlung selbst manifest.

Die Faszination des STAR TREK-Universums ergibt sich stärker aus den darin behandelten Inhalten und dem Zusammenspiel der Figuren als aus der Ästhetik. Anders als in der Space Opera beschränken sich die Charaktere nicht auf funktionale Stereotypen, sondern geraten in Widersprüche zwischen den Kulturen oder repräsentieren innerhalb der Crew gegensätzliche Positionen, die auf eine gemeinsame Handlungsbasis gebracht werden müssen. Die Rollenverteilung in der Originalserie zwischen dem impulsiv handelnden und listigen Captain Kirk, dem rational reflektierenden Mr. Spock und dem als emotionales Gewissen agierenden Dr. McCoy bildet die Grundlage für die späteren STAR TREK-Ensembles. Allerdings begnügen die sich nicht mit einer einfachen Wiederholung der Konstellation der Kultserie, sondern differenzieren die Positionen weiter aus und schaffen neue Perspektiven auf die aus den Vorgängern bekannten Konflikte.

Die Rolle des integrierten Fremden bildet einen prägnanten Topos innerhalb der STAR TREK-Serien. Im Original vertritt diese Position Mr. Spock, der zur einen Hälfte von den rein rationalen Idealen der Vulkanier und zur anderen Hälfte von den Emotionen seiner menschlichen Vorfahren bestimmt wird. In der NEXT GENERATION setzt sich dieser Figurentypus mit dem Klingonen Worf fort, der nach dem Friedensabkommen zwischen Föderation und Klingonischem Imperium an Bord der *Enterprise-D* mitreist; in DEEP SPACE NINE übernimmt diesen Part der Gestaltwandler Odo. Zugleich relativiert sich ab der dritten STAR TREK-Serie diese Rolle, da auf der außerhalb des Föderationsgebiets im Orbit des Planeten Bajor gelegenen Station sämtliche Charaktere über Besonderheiten verfügen, die sich nicht mehr unter eine dominante Kultur subsumieren lassen. Die in der Originalserie als Repräsentationspolitik eingeführte multikulturelle Besatzung erweist sich im Verlauf der späteren Serien als konstituierend für die Multi-Perspektivität des STAR TREK-Universums. Natürlich verfügt STAR TREK mit dem Design der Raumschiffe, dem Make-up der Vulkanier und Klingonen sowie den biomechanischen Borg als dunkler Kehrseite des technischen Fortschritts über ausdrucksstarke und einprägsame Momente auf der Bildebene. Doch im Vergleich zur überbordenden, detailverliebten Ästhetik von STAR WARS ergibt sich die zentrale Bedeutung von STAR TREK meistens erst aus dem diskursiven Anliegen.

Wenn es, dem Prolog der Originalserie und der NEXT GENERATION entsprechend, dorthin geht, wo noch nie ein Mensch zuvor gewesen ist, wird die *Enterprise* nicht unbedingt mit so spektakulären fernen Welten wie die Protagonisten in James Camerons AVATAR (2009) konfrontiert. Vielmehr finden sich in den unendlichen Weiten die Konfrontationen der jeweiligen Entstehungszeit wieder, sei es der kalte Krieg mit den Klingonen und Romulanern oder die an diffizile regionale Konflikte erinnernde Situation auf dem von den totalitären Cardassianern besetzten Planeten Bajor. Im Gegensatz zur traditionellen Space Opera vermeidet STAR TREK den Schematismus eindeutiger Konflikte. Es gehört zu den etablierten narrativen Mustern des Serienuniversums, dass Gegenspieler wie die Klingonen oder die biomechanischen Borg in späteren Serien zu potenziellen Verbündeten werden. Das als eine Art inoffizielles Motto der Serie geltende vulkanische Credo der *infinite diversity in infinite combinations* wird nicht nur als moralisch aufbauender Kalenderspruch behandelt, sondern beeinflusst über Jahrzehnte hinweg die Personalpolitik der STAR TREK-Crew.

In mehreren Fällen werden sich wiederholende Konstellationen in späteren Serien nicht nur dazu genutzt, einen Wiedererkennungswert zu bieten, sondern sie formulieren eine im Vorgänger skizzierte Problemstellung weiter aus. Die NEXT GENERATION-Folgen *Elementary, Dear Data* (*Sherlock Data Holmes*) und *Ship in a Bottle* thematisieren erstmals, was passieren würde, wenn eine der künstlichen Intelligenzen auf dem Holodeck sich plötzlich ihrer selbst bewusst würde und Persönlichkeitsrechte einforderte. Die hier noch leicht ironisch am Beispiel des Sherlock-Holmes-Widersachers Professor Moriarty durchgespielte Idee wird später in DEEP SPACE NINE durch den Entertainer Vic Fontaine vertieft, der seine Identität als Hologramm einer Las-Vegas-Simulation kommentiert. In VOYAGER zählt mit dem holografischen Doctor (Robert Picardo) schließlich ein personifiziertes Computerprogramm zu den zentralen Mitgliedern der Crew. Vergleichbar mit der durch den Androiden Data (Brent Spiner) in der NEXT GENERATION repräsentierten Thematik des künstlichen Menschen, knüpfen auch die sich verselbstständigenden Holodeck-Figuren an zentrale Diskurse des Science-Fiction-Genres um Posthumanismus und die Rechte künstlicher Intelligenzen an. Derartige Entwicklungen gehen über die Linearität einer einfachen Narration weit hinaus. Sie verweisen auf die Kons-

Borg Seven of Nine als Teil der multikulturellen Besatzung an Bord von STARSHIP VOYAGER: Aus Gegnern sollen Verbündete werden

titution der transmedialen Welt, die als Storyworld in den STAR TREK-Serien ausformuliert wird. Wie die Narratologen Marie-Laure Ryan und Jan-Noël Thon betonen, verfügen umfassende erzählerische Welten als Storyworlds über einen größeren Reiz als in sich abgeschlossene Narrationen:

> Storyworlds hold a greater fascination for the imagination than the plots that take place in them, because plots are self-enclosed, linear arrangements of events that come to an end while storyworlds can always sprout branches to their core plots that further immerse people, thereby providing new pleasure.[6]

Storyworlds können in ganz unterschiedlichen Medien entworfen werden. Im Fall von THE LORD OF THE RINGS (Der Herr der Ringe; 2001–03; R: Peter Jackson) waren es die Mittelerde-Romane von J.R.R. Tolkien; die Superhelden-Universen von Marvel und DC entstanden aus den seit Jahrzehnten fortlaufenden Comicreihen um Spider-Man, Batman und X-Men. STAR TREK definierte den Prototypen für einen Serienkosmos, der sich über das Medium Fernsehen hinaus auf der Kinoleinwand, in Videospielen und Romanen fortsetzte. Dass die Fünf-

Jahres-Mission der Originalserie nach der dritten Staffel 1969 an ein vorzeitiges Ende geriet, befeuerte nur weiter die Spekulationen um die Ereignisse in den Jahren zwischen Abschluss der ersten Mission und den ab 1979 entstandenen Kinofilmen. Sowohl in offiziellen Romanen als auch in der Fan-Fiction wurden die in Serien und Filmen ausgesparten Ereignisse in den folgenden Jahrzehnten ergänzt, ohne dass sich daraus ein abgeschlossenes Gesamtbild ergeben würde. Entgegen einer sowohl von Auteur-Interessen als auch von der Kulturindustrie angestrebten Kanonisierung beziehen die Fan-Aktivitäten ihren Reiz aus einer an die Unbestimmtheit einer *oral history* erinnernden Offenheit. Im Fall von STAR TREK sind es die Leerstellen zwischen den Serien, die zu Spekulationen einladen, bei STAR WARS ergeben sich hingegen ausbaufähige Anschlussstellen sowohl aus der non-linearen Erzählung als auch aus der ästhetischen Suggestionskraft der ins Off verlagerten Ereignisse.

Flash Gordon Meets Kurosawa – Die synästhetischen Welten des STAR WARS-Universums

Der Schriftsteller und Journalist Dietmar Dath wies 1999 in der Zeitschrift *Spex* darauf hin,[7] dass STAR WARS im Gegensatz zu STAR TREK auf jene Traditionen der kalifornischen Gegenkultur zurückgehe, die schon immer auf eine große Erzählung und nicht auf ein selbstreflexives diskursives Patchwork abzielten. Für George Lucas' Weltraumsaga standen die Schriften von Carlos Castaneda und die Studien über Mythen von Joseph Campbell genauso Pate wie der naive Charme der FLASH GORDON- und BUCK ROGERS-Serials aus den 1930er Jahren. Auf eine für die Postmoderne und ihre Auflösung der Grenzen zwischen Hoch- und Popkultur charakteristische Weise konnte Lucas, der wie ein Großteil seiner New-Hollywood-Kollegen an der Filmhochschule studiert hatte, zugleich seine Vorliebe für die Samurai-Epen von Akira Kurosawa, Stanley Kubricks DR. STRANGELOVE (Dr. Seltsam oder wie ich lernte die Bombe zu lieben; 1964), die Western von John Ford und Jean-Luc Godards ALPHAVILLE (Lemmy Caution gegen Alpha 60; 1965) kultivieren. Die Jedi-Ritter waren von Toshiro Mifunes Samuraifiguren beeinflusst, der von Ken Adam entworfene War Room des Weißen Hauses diente als Stilvorlage für die imperiale Kommandozentrale auf dem Todesstern, und Luke Skywalkers Rückkehr zur zerstörten Farm seiner Familie übernimmt nicht nur die Situation, sondern auch die Bildkomposition aus John Fords THE SEARCHERS (Der schwarze Falke; 1956).

Die Prequel-Trilogie bezieht sich in der Ausgestaltung des Sturzes der Alten Republik mithilfe digitaler Kulissen auf urbane Stadtfantasien von Fritz Langs

METROPOLIS (1927) bis hin zu Ridley Scotts BLADE RUNNER (1982). Dass die Ereignisse noch weiter in der Vergangenheit der weit entfernten Galaxis angesiedelt sind, wird unter anderem durch visuelle Anspielungen auf die antiken Arenen aus Historiendramen und auf Renaissance-Paläste betont.

Die von Lucas nach langwieriger Arbeit am Drehbuch gewählte Notlösung, einfach einen einzelnen Teil aus seinem überlangen Skript zu verwenden, erwies sich im Nachhinein als raffinierter Einfall. Vergleichbar mit der Darstellung des mittelalterlichen Japan in Kurosawas Samurai-Filmen, vor allem THE HIDDEN FORTRESS (Die verborgene Festung; 1958), wurde die weit entfernte Galaxis im ersten Film von 1977 einfach als gegeben behandelt. Im Gegensatz zu den komplizierten politischen Intrigen in den Prequels erfolgt der Einstieg in die geradlinige Handlung denkbar einfach. Die Pläne der imperialen Kampfstation Todesstern wurden von den Rebellen um Prinzessin Leia (Carrie Fisher) entwendet, und der schwarze Ritter Darth Vader (David Prowse) verfolgt sie im Auftrag des Imperators. Vor ihrer Gefangennahme kann sie die Droiden C-3PO (Anthony Daniels) und R2-D2 (Kenny Baker) auf den Wüstenplaneten Tatooine entsenden, um den im Exil lebenden Jedi-Ritter Obi-Wan Kenobi (Alec Guinness) um Hilfe zu bitten. Gemeinsam mit dem Farmerjungen Luke Skywalker (Mark Hamill) sowie dem draufgängerischen Piloten Han Solo (Harrison Ford) und dessen treuen Begleiter, dem Wookie Chewbacca (Peter Mayhew), gelingt es den Rebellen, die Prinzessin zu retten und den Todesstern zu zerstören.

Wie der Journalist Chris Taylor in seiner Monografie über die Entstehung der Saga nachweist,[8] war Joseph Campbells Studie *The Hero with a Thousand Faces* (*Der Heros in tausend Gestalten*),[9] die in Drehbuchratgebern[10] und kulturwissenschaftlichen Analysen[11] intensiv im STAR WARS-Kontext diskutiert wird, nicht von Anfang an das Strukturmuster der Drehbücher. Lucas' Entscheidung, mit der mittleren Trilogie zu beginnen, erinnert stärker an Jean-Luc Godards Ausspruch, dass Anfang, Mitte und Ende einer Erzählung sich nicht in der gewohnten Reihenfolge vollziehen müssten, als an die Einschienenbahn einer Heldenerzählung nach dem Muster des Mono-Mythos. Der Anthropologe Campbell hatte Ende der 1940er Jahre eine Vielzahl an Mythen aus unterschiedlichsten Kulturkreisen untersucht und entdeckt, dass es zahlreiche Überschneidungen und Parallelen gibt. Angelehnt an die Archetypen-Lehre des Psychoanalytikers C.G. Jung und dessen Konzept vom kollektiven Unbewussten entwickelte er daraus das zwölf Stationen umfassende Modell der Heldenreise, das in allen Kulturen auftauche. Darin absolviert der Held eine aus den drei zentralen Etappen Aufbruch, Prüfungen und Ankunft bestehende Reise, die ihn oder sie mit den innersten Ängsten konfrontiert und durch deren Überwindung Erfahrungen sammeln lässt.

Auf einer abstrakten Ebene lässt sich die Heldenreise als Struktur in STAR WARS zweifelsohne ausmachen, aber es erscheint fraglich, ob sie tatsächlich den maßgeblichen Reiz der Storyworld bestimmt. Andere Faktoren wie der Anspielungsreichtum in der Umsetzung der Charaktere – etwa das an Wortgefechte bei Howard Hawks erinnernde romantische Gezanke zwischen Prinzessin und Schmuggler – oder der fließende Übergang zwischen den Genres und der von Leitmotiven geprägte markante Soundtrack scheinen ebenso wichtig, wenn nicht sogar wesentlicher für die vielseitige Wirkung der Saga. Immerhin wurde der lediglich eine abgekürzte Heldenreise absolvierende Harrison Ford als Han Solo mit seinem verschmitzten Sarkasmus und nicht der mit inneren Konflikten ringende zentrale Held Luke Skywalker zum Star der Filme. Diese durch die Rezeption bewirkte Akzentverschiebung zeigt noch fast 40 Jahre später ihre Auswirkungen, wenn Ford in STAR WARS EPISODE VII – THE FORCE AWAKENS (Star Wars: Das Erwachen der Macht; 2015; R: J.J. Abrams) in der Hauptrolle seine Abschiedsvorstellung absolviert und Mark Hamill nur in den letzten vier Minuten auftaucht.

Im Unterschied zu STAR TREK wurde bei STAR WARS bereits von Anfang an die Ästhetik stärker akzentuiert als die diskursiven Elemente. Die Topografie und Chronologie des STAR WARS-Universums gestaltet sich als bewusst unvollständige große Erzählung mit Anschlussstellen zum Selbstausbau. Der Do-it-yourself-Aspekt, der bei STAR TREK vor allem Diskussionen in der Fankultur als Systemkritik befördert, betrifft bei STAR WARS vielmehr das dynamische Spiel mit Genres, Standardsituationen und Figurentypen. Entsprechend dem Format eines Kinofilms als Ausgangspunkt des Franchise erfolgt in STAR WARS die Etablierung der Storyworld nicht wie in den STAR TREK-Serien über die Dialoge der Protagonisten, sondern über die Mise-en-scène und ihre akustische Untermalung.

Die markante, von dem legendären Sounddesigner Ben Burtt entworfene Geräuschkulisse lässt in STAR WARS durch die Wiederholung einzelner einprägsamer Klänge die fremden Welten im Lauf der Jahre zunehmend vertrauter erscheinen. Das Summen eines Laserschwerts, das auch in Pixars WALL-E (2008; R: Andrew Stanton) zum Einsatz gebrachte emotionale Zwitschern der Droiden oder das aus verschiedenen Tierlauten zusammengesetzte Heulen des Wookies Chewbacca werden ebenso wie das schwere Atmen Darth Vaders und das Aufheulen der Raumjäger automatisch mit STAR WARS assoziiert.

Anders als bei STAR TREK hat man es hier mit einem ästhetischen Prinzip zu tun, das als *used future*-Look Regisseure wie Ridley Scott in ALIEN (1979) und einige Jahrzehnte später Joss Whedon in dem Science-Fiction-Western FIREFLY (USA 2002–03) inspirierte. George Lucas orientierte sich an den Bildern von

Raumkapseln, die aus dem All zurückgekehrt waren. Sie verfügten nicht über den Glanz der in den 1950er und 60er Jahren verbreiteten Zukunftsfantasien. Es gehört zum Stilprinzip der ersten Trilogie, dass die Raumschiffe der Rebellen von deutlichen Gebrauchsspuren gezeichnet sind und über einen improvisierten Charakter verfügen. Diesem *used future*-Look, der auf der Bildebene mit natürlichen Umgebungen assoziiert wird – etwa den in Tunesien gedrehten Wüstenszenen oder dem als Eisplanet fungierenden norwegischen Gletscher –, steht die sterile Ordnung des Imperiums gegenüber. Die Umsetzung der gigantomanischen Architektur des Todessterns oder des Sternzerstörers von Darth Vader erinnert nicht von ungefähr an die Entwürfe des legendären Production Designers Ken Adam. Einerseits entsprechen diese in ihrem reduzierten und effizienten Stil den Idealen der Hochmoderne, zugleich lassen sie jedoch, wie der *War Room* in Kubricks DR. STRANGELOVE oder die Kommandozentralen der James-Bond-Superschurken bereits durch ihre Kälte und Gigantomanie erahnen, dass sich der Schritt in die totalitär-technokratische Barbarei längst vollzogen hat.

Der britische Kultur- und Medienwissenschaftler Will Brooker weist auf einen interessanten, durch die Ästhetik vermittelten Aspekt hin: »The prequels show that the Empire grew from the Republic's order, and so the mission to restore that old system of structure and ritual [...] seems like a return to the same familiar cycle.«[12]

In der weit entfernten Galaxis der STAR WARS-Filme funktioniert der Widerstreit zwischen dem produktiven Chaos der Rebellen und dem strengen Formalismus des Imperiums als eine zusätzliche visuelle Bedeutungsebene, die aus der Kombination unterschiedlicher Genres wie dem Kriegs- und dem Abenteuerfilm entsteht. Der Todesstern symbolisiert einerseits das gefährlichste Waffensystem der Zukunft, auf ihrer Flucht von der imperialen Kampfstation schwingen sich Luke und Leia jedoch an einem Seil wie einst Errol Flynn und Konsorten über den Abgrund.

Die Anlage des zukünftigen technokratischen Imperiums innerhalb der Alten Republik wird in den Prequels bereits angedeutet. Am deutlichsten werden die fließenden Übergänge in der Schlusssequenz von EPISODE II – ATTACK OF THE CLONES (Star Wars: Episode II – Angriff der Klonkrieger; 2002; R: George Lucas), in der ganze Bataillone der Klonarmee als Ornament der Masse vor den ratlosen Blicken der von Kanzler Palpatine instrumentalisierten Abgeordneten aufmarschieren. Am Ende von EPISODE III – REVENGE OF THE SITH (Star Wars: Episode III – Die Rache der Sith; 2005; R: George Lucas) wird die klassizistische Architektur der Republik durch das funktionelle und brachiale Design des Imperiums endgültig abgelöst.

STAR WARS nutzt sowohl das semantische Erscheinungsbild als auch die syntaktischen Strukturen filmischer Genres, um daraus einen eigenen, vielseitigen Kosmos zu schaffen. In STAR TREK dagegen haben die in der Originalserie bereisten Gangster-Planeten oder an das Römische Imperium angelehnte Zivilisationen den Charakter von Modellgesellschaften, an deren Beispiel das Thema der jeweiligen Folge durchgespielt wird. Ab NEXT GENERATION werden die expliziten Anspielungen auf andere Genres gleich in die virtuellen Räume des Holodecks verlagert.

Genre-Crossover und cineludische Formen

In STAR TREK ermöglicht das Holodeck die detailgenaue Simulation von historischen Schauplätzen und von Genre-Settings aus den unterschiedlichsten Bereichen der Literatur- und Filmgeschichte, von Sherlock Holmes über die Hardboiled-Detektivgeschichten der 1940er Jahre bis hin zu James Bond. Der besondere Reiz besteht weniger im ungestörten immersiven Eintauchen in die simulierten Welten als vielmehr in den obligatorischen Fehlfunktionen des Programms und der bewussten Vermischung der Genreregister vonseiten der Autoren. Beides zerstört im Zusammenspiel jede Illusion und verwandelt die trivialsten Standardsituationen in diffizile Aufgaben, die zugleich die Spielregeln des verzerrten Genres kommentieren. In einem James-Bond-Programm muss der Stationsarzt von *Deep Space Nine*, Dr. Julian Bashir, als der berühmte Geheimagent entgegen dem eigentlichen Spielziel höchstpersönlich die Welt vernichten, um die nötige Zeit zur Reparatur des defekten Simulationsprogramms zu gewinnen. Der an Blofeld angelehnte Schurke zeigt sich daraufhin derart irritiert über den plötzlichen Seitenwechsel seines langjährigen Gegenspielers, dass ihm dank Bashirs Ablenkungsmanöver die entscheidende Rettungsaktion durch das Personal der Raumstation entgeht. Der einem strengen Ehrenkodex folgende Klingone Worf zeigt sich in THE NEXT GENERATION angesichts der moralischen Ambivalenzen des Italo-Westerns überfordert, und bei einer Probe von Shakespeares *The Tempest* werden Captain Picard und der Androide Data um ein Haar vom aus einem anderen Programm entgleisten Orient-Express überfahren. STAR TREK akzentuiert die Brüche und Absurditäten, die durch Genrekombinationen auf dem Holodeck entstehen. Auf ironische Weise wird darin das Genre-Crossover reflektiert und kommentiert, das auf einer anderen Ebene für die Serie selbst konstituierend ist, wenn beispielsweise im Original Western-Rhetorik bemüht wird oder Ermittlungen gegen das Orion-Syndikat nach den Mustern eines Gangster-Dramas ablaufen.

STAR WARS verlagert das Spiel mit Genreformen dagegen auf die ästhetisch-ikonografische Ebene. Auf Pressefotos zu A NEW HOPE nimmt Harrison Ford als Han Solo eine typische, breitbeinige Western-Pose mit gezogenem Blaster

STAR WARS – A NEW HOPE: Han Solo in der Pose eines Western-Helden

ein, die mit einem gewissen Déjà-vu-Effekt die Parallelen zwischen einem abgebrühten Revolverhelden und dem Captain des *Millennium Falcon* betont. Seine Freunde Leia Organa und Luke Skywalker entkommen auf dem Todesstern den imperialen Truppen, indem sie sich an einem Seil über den Abgrund schwingen wie einst im klassischen Abenteuerfilm Errol Flynn. Ähnlich wie die unterschiedlichen architektonischen Stile im Set Design und die filmhistorischen Anspielungen ergänzen sich auch die Kombinationen verschiedener Genres. Aus diesen losen Referenzen ergeben sich Spielregeln für die einzelnen Welten des STAR WARS-Universums. In den von Tusken-Räubern beherrschten Weiten Tatooines und im Saloon des Raumhafens Mos Eisley herrschen die Gesetze des Western. Dass sich in der Kneipe zahlreiche Monster am Tresen tummeln, die an die Horrorklassiker der 1940er Jahre erinnern, wird nicht als störend empfunden, sondern als der entworfenen Welt zugehörig akzeptiert. Die Luftschlachten zwischen Rebellen und Imperium orientieren sich an Kriegsfilmen wie THE DAM BUSTERS (Mai 1943 – Die Zerstörung der Talsperren; 1955; R: Michael Anderson); durch die filmhistorischen Parallelen erscheint es sogar plausibel, dass die Motoren der Raumjäger wie Rennwägen aufheulen, obwohl es im Weltraum bekanntlich keinen Schall gibt.

Das Arrangement der entsprechenden Szenen weist starke Parallelen zur Level-Architektur eines Videospiels auf. Sowohl die Situationen als auch die Ausstattung der Raumschiffe und die Talente der Figuren weisen auf Ausprägungen einer cineludischen Form hin, die Spiel und Film verbindet.[13] Ludische Operationen wie Hindernisläufe, sich steigernde Herausforderungen und das Erreichen eines Etappenziels mithilfe begrenzter Ressourcen finden sich in diesen Sequenzen derart ausgeprägt, dass sie seit den frühen 1980er Jahren unmittelbar in Videospielen umgesetzt wurden.

Bereits 1982 konnten in einem von Atari produzierten Automatenspiel die Spieler das Finale aus A NEW HOPE nachspielen. Der Angriff auf den Todesstern unterteilt sich im *Star Wars*-Arcade-Spiel in den Kampf mit den gegnerischen Tie-Fightern, den rasanten Flug über die Oberfläche und einen in jedem Durchgang mit komplizierteren Hindernissen versehenen Parcours zum Lüftungsschacht. Für einen Treffer von Darth Vaders Raumschiff gibt es zwar Bonuspunkte, es lässt sich jedoch entsprechend dem Handlungsablauf der Vorlage nicht zerstören. Wenn ein Todesstern erfolgreich vernichtet wurde, erscheint der nächste mit einem schwierigeren Level-Aufbau. Eine ästhetische Annäherung an die filmische Vorlage wurde durch die mit Vektorengrafik realisierte Perspektive geleistet. Das Spielgeschehen wird durch das Cockpit-Fenster von Luke Skywalkers X-Wing betrachtet. Die aufwändigeren Varianten des Automaten für Spielhallen boten den Spielern ein nachgebautes X-Wing-Cockpit. Der britische Games-Experte Steven Poole schreibt über die Synergien zwischen STAR WARS als Film und als Videospiel:

> The most impressive visual aspect of these action sequences in the film was the shower of red and green laser bolts, and it is these that were most easily translated into early videogame graphics, while John Williams's pompously brilliant score, mixed with high-pitched R2-D2 wibbles, pumped from the arcade speakers. The game did not replicate the movie, but stole those parts of the movie (the action sequences) that could be successfully reimagined as videogame forms. And the lure of the *Star Wars* franchise is such that every console and computer-game platform since then has been home to a game based on the film. They have covered nearly every conceivable genre: platform, 3D shooting, role-playing – even, lamentably, beat-'em-up, in *Masters of Teras Kasi* for the Playstation.[14]

STAR WARS – A NEW HOPE: Anflug auf den Todesstern

Andreas Rauscher

Die leicht übertragbare cineludische Form der Todesstern-Schlacht wurde mit ihren einzelnen Angriffsetappen und dem abschließenden Treffer der Ventilationsöffnung, der ein wenig an das Abschießen einer Flipperkugel erinnert, sowohl als Brettspiel wie auch erneut in den Videospielen *X-Wing* (1993), *Rebel Assault* (1993), *Super Star Wars* (1991) und *Lego Star Wars* (2006) umgesetzt. Ähnliche als cineludische Form geeignete Etappen finden sich auch in THE EMPIRE STRIKES BACK, vom riskanten Flug durch ein Asteroidenfeld bis hin zur Schlacht um den Eisplaneten Hoth. Bereits 1982 wurde im gleichnamigen Spiel für die Atari-2600-Konsole der aussichtslose Kampf gegen die imperialen Angreifer umgesetzt. Mit einer kleinen Gruppe von Schneegleitern müssen die imperialen AT-AT-Kampfläufer so lange aufgehalten werden, bis die Basis evakuiert ist. Aufgrund des klaren Aufbaus und des vorgegebenen Zeitlimits eignet sich dieses Szenario ideal für die Übertragung in ludische Mechanismen. Im Automatenspiel zu THE EMPIRE STRIKES BACK, das fünf Jahre nach Premiere des Films 1985 als Nachfolger des *Star Wars*-Arcade-Games erschien und erneut auf Vektorgrafik basierte, finden sich der Kampf gegen die AT-ATs und die Flucht vor den imperialen Raumjägern durch ein Asteroidenfeld als aufeinanderfolgende Spielsituationen. Bezeichnenderweise bleibt die wesentliche Enthüllung, dass es sich bei Darth Vader um Lukes tot geglaubten Vater handelt, im Spiel ausgespart. Die frühen Videospiel-Adaptionen beschränken sich noch ganz auf die Wiederholbarkeit und die sich steigernden Herausforderungen auf der Jagd nach einer möglichst hohen Punktzahl. Erst

Der Kampf gegen die AT-AT-Kampfläufer auf dem Eisplaneten Hoth in der 2015 erschienenen Version des Games *Star Wars: Battlefront*

mit umfangreicheren Speichermöglichkeiten war es Spielen wie der *Super Star Wars*-Reihe für die SNES-Nintendo-Konsole und dem sogar mit zwischen den Levels platzierten Filmsequenzen ausgestatteten CD-Rom-Spiel *Rebel Assault* möglich, komplexere Handlungsabläufe zu adaptieren.

Eine erste Vorahnung einer ausgeprägten Handlungsfreiheit vermittelten das Flugsimulationsspiel *X-Wing* (1993) und sein Nachfolger *Tie Fighter* (1994). Die Spieler können hier ihre Zugehörigkeit zur hellen oder dunklen Seite der Macht frei wählen und während der einzelnen Missionen selbst entscheiden, welche Route ihnen taktisch am sinnvollsten erscheint. Allerdings beschränken sich diese Manöver noch auf die strategischen Überlegungen eines Kampfszenarios. Die für ein Rollenspiel wesentlichen explorativen Elemente finden in dieser nachgereichten Parallelhandlung zu den Filmen noch keine unmittelbare Berücksichtigung. So wie die Romane und Comics sich Nebenfiguren widmen, die in den Filmen nur flüchtig präsent sind, entfalten auch die im Lauf der 1990er Jahre entstandenen Videospiele zunehmend eigene Szenarien. Das an den First-Person-Shooter *Doom* (1993) angelehnte Spiel *Dark Forces* (1995) gibt als Spielziel die Beschaffung der für A NEW HOPE entscheidenden Todesstern-Pläne vor – im Nachhinein erscheint das Spiel damit nahezu wie eine erste Rohfassung des Drehbuchs für Gareth Edwards' Ende 2016 veröffentlichten Spin-off-Film ROGUE ONE: A STAR WARS STORY. Im Verlauf der Fortsetzungen *Jedi Knight* (1997), *Jedi Knight – Outcast* (2002) und *Jedi Academy* (2003) ergibt sich um den Söldner Kyle Katarn eine Geschichte, in der sich das Verhalten der Spieler darauf auswirkt, ob der Charakter auf die Seite der Jedi oder der Sith geht. Eine weitere Annäherung an das Rollenspiel in *Jedi Knight* markieren die von den Spielern selbst auswählbaren, gegen Erfahrungspunkte erweiterbaren Macht-Fähigkeiten.

Mit dem 2004 von dem kanadischen Studio Bioware entwickelten *Knights of the Old Republic* wurde erstmals ein STAR WARS-Rollenspiel als Videospiel produziert. Das Spiel greift in einem exemplarischen Fall von hybriden Genrekonzepten Ansätze aus dem ersten *Star Wars*-Automatenspiel und aus den diversen Rennspielen als Mini-Spiele auf. Das zentrale Gameplay selbst folgt der für Rollenspiele charakteristischen Mischung aus Dialog- und puzzleorientiertem Adventure und Strategiespiel. Durch die Auswahl der Begleiter aus einem Ensemble von neun sehr unterschiedlichen Charakteren können die Spieler die stilistische Umsetzung der Handlung beeinflussen. Die Möglichkeiten reichen von einer ambivalenten Jedi-Schülerin als Begleiterin über eine blauhäutige Vorläuferin Han Solos, inklusive Wookie-Gefährten, bis hin zum zynischen, Sprüche klopfenden Sith-Roboter, dessen anarchische Attitüde an Bender aus der animierten Science-Fiction-Satire FUTURAMA (seit 1999) erinnert. Wie in einem psychologischen Test wird anhand der Verhaltensweisen der Spieler ausgewertet, ob der Protagonist der dunklen Seite verfällt oder den Idealen der Jedi-Ritter verpflichtet bleibt. Die Schauplätze greifen Planeten aus den Filmen auf. Je nach Interesse kann man auf dem Wüstenplaneten Tatooine die Kultur der Tusken-Raiders erforschen oder sich ohne weitere empirische Feldforschungen den Weg freikämpfen. Zugleich führt *Knights of the Old Republic* neue Schauplätze wie die Sith-Heimatwelt Korriban ein, die die Mythologie des STAR WARS-Universums um reizvolle Hintergrundgeschichten erweitert. Auf Tatooine gelten immer noch die Gesetze des Westerns, doch ebenso wie in der mit einigen überraschenden Wendungen aufwartenden Handlung bleiben die Komplexität und der Ausgang des Plots den Spielern überlassen.

Mit dem als Multi-Player-Spiel angelegten *The Old Republic* (2011) nimmt die performative Komponente in der sozialen Interaktion zwischen verschiedenen Spielern eine zentrale Rolle ein. So wie in Fan-Filmen oder im Cosplay auf Conventions eigene Charaktere ausgestaltet werden, so dominiert auch in diesen Varianten des transmedialen Mythen-Patchworks die aktive eigenständige Auslegung einer Rolle im Sinne einer freien spielerischen Tätigkeit. Spielerfahrungen dieser Art verschaffen nicht unbedingt den Nervenkitzel der als Schienenbahnen durch die STAR WARS-Galaxis angelegten älteren Actionspiele, die stärker dem Prinzip des regel- und zielgeleiteten Ludus – im Sinne des englischen Begriffs *game* – und nicht so sehr dem freien Paidia – dem das englische Wort *play* entspricht – verpflichtet sind. Dafür ermöglichen sie eine kreative Umgestaltung des Ausgangsmaterials, bei der sich die Spielregeln der erzählten Welt selbst durch Improvisation und freies Spiel verändern können.

STAR TREK gerät in der Regel aufgrund der diskursiven Anlage des Universums nur relativ selten in die Gefahr, auf einen rein dekorativen Themenpark reduziert zu werden. Allerdings gestalten sich im Vergleich zu STAR WARS auch die auf der Serie basierenden Videospiele eher konventionell. Eine erste Arcade-Umsetzung mit Vektorgrafik von 1982, in der die Spieler gegen angreifende Klingonen kämpfen, verfehlt im Unterschied zum *Star Wars*-Arcade-Spiel die zu erzielende Korrespondenz zwischen Serie und Spiel. Am deutlichsten trifft den Stil der Serien eine Reihe von Adventures zu Beginn der 1990er Jahre, in denen taktische Gefechte, Dialogpassagen und Puzzleaufgaben sich in einem ausgeglichenen Maße abwechseln. Den Reflexionsgrad der Holodeck-Episoden sucht man in den meisten STAR TREK-Spielen jedoch vergebens, sodass die NEXT GENERATION sich trotz des bestens für experimentelle Games geeigneten Szenarios nachhaltiger auf neue Medientheorien wie Janet Murrays Studie *Hamlet on the Holodeck* (1997) als auf das tatsächliche Gamedesign der STAR TREK-Videospiele auswirkte. Auch ein 2010 entstandenes STAR TREK-

Online-Rollenspiel ließ einen spezifischen, auf die Storyworld zugeschnittenen Ansatz, wie er *The Old Republic* im Fall von STAR WARS gelungen war, vermissen. Während STAR WARS sich aufgrund der ästhetischen Parallelen und des als cineludische Form übertragbaren Aufbaus einiger Schlüsselszenen für die nahtlose Fortführung in Videospielen anbietet, dominieren bei STAR TREK nach wie vor die diskursiven Qualitäten.

Ausblick – Where No Franchise Has Gone Before ...

1982 verfasste Henry Jenkins mit der Studie *Textual Poachers*[15] über die kreative Praxis der STAR TREK-Fans eines der Schlüsselwerke der Fan Studies. Er untersuchte, wie seit den 1970er Jahren Fan-Fiction den ursprünglichen Vorlagen einen subversiven Ansatz verleiht und ihre Subtexte ausgestaltet. In seinen späteren Arbeiten lieferte Jenkins auch die Schlüsselbegriffe für die Partizipation an transmedialen Erzählstrukturen. Neben der Idee des *Transmedia Storytelling* thematisiert er immer wieder das Konzept des Worldbuilding als »the process of designing a fictional universe that will sustain franchise development, one that is sufficiently detailed to enable many different stories to emerge but coherent enough so that each story feels like it fits with the others.«[16]

Wie die diskutierten Beispiele verdeutlichen, lässt sich der Ausbau dieser diegetischen Welten sowohl in einer diskursiv-narrativen als auch in einer ludischen Variante realisieren. Beide Faktoren beeinflussen maßgeblich die Aktivitäten des Fandoms, das, jenseits der Haltung von passiven Rezipienten, eigene Filme dreht, im Rollenspiel und im Cosplay neue Charaktere entwickelt und sich durch rege Diskussionen an einer performativen Hermeneutik beteiligt, die sich auf die Produktion der Storyworld auswirken kann.

»STAR WARS is an increasingly global phenomenon, perhaps the first mythos all cultures can get behind without hesitation.«[17] Die Gründe für diese von Chris Taylor konstatierte universelle Attraktivität liegen weniger in Jungianischen Tiefenstrukturen als in dem Umstand begründet, dass es sich bei den Aktivitäten des STAR WARS-Fandoms selbst um kulturelle Praktiken handelt. Auf diesen Aspekt weist auch der französische Filmwissenschaftler Laurent Jullier hin:

> Es wäre wenig produktiv, die STAR WARS-Saga als ein starres Objekt anzusehen, oder wie einen statischen Sinnspeicher, der darauf wartet, von aufeinander folgenden Interpretationen geleert zu werden. Zum einen hat die Saga ein expandierendes Universum aus abgeleiteten Produkten, Subtexten, Sequels und Prequels hervorgebracht. Zum anderen ist sie fast überall auf der Welt zu einem Objekt ritueller und permanenter Lese- und Nutzungspraktiken geworden.[18]

Diese Praktiken tragen wesentlich zur Bedeutung sowohl von STAR TREK wie von STAR WARS bei. Abgesehen von ein paar grundlegenden Spielregeln, Figurentypen und narrativen Mustern sind sie nicht festgelegt, sondern leben wie die innovativeren Beiträge eines Genres von der Variation, die sich von der reinen Wiederholung kommerzieller serieller Strukturen abhebt. Das Worldbuilding wird zu einem eigenen popkulturellen Zeitdokument, dessen Unabgeschlossenheit nicht einfach nur auf die kulturindustriellen Interessen verweist. Die Bedeutung der kosmischen Macht des STAR WARS-Universums wie die Utopie der STAR TREK-Föderation bilden das stets neu ausgehandelte Ergebnis eines hermeneutischen Prozesses, der sich nicht auf einen statischen, kulturell abgeriegelten Sinnspeicher beschränkt, sondern zur performativen Partizipation einlädt. Der Mythos beider Franchises wird über die Jahrzehnte hinweg immer wieder neu konfiguriert. Er verfügt nicht über eine übergreifende zeitlose Wahrheit, seine Auslegung wird selbst zum Resultat historischer Entwicklungen, als *infinite diversity in infinite combinations*.

Anmerkungen

1. Henry Jenkins: Convergence Culture. Where Old and New Media Collide. New York 2006, S. 293.
2. Vgl. Henry Jenkins: Transmedia Storytelling 101 (http://henryjenkins.org/2007/03/transmedia_storytelling_101.html).
3. Zur Struktur der Mythen-Patchworks vgl. Andreas Rauscher: Das Phänomen STAR TREK. Mainz 2003, sowie zu STAR WARS: A.R.: »A Long Time Ago in a Transmedia Galaxy Far, Far Away. Die STAR WARS-Saga als Worldbuilding«. In: Karl N. Renner / Dagmar von Hoff / Matthias Krings (Hg.): Medien Erzählen Gesellschaft. Transmediales Erzählen im Zeitalter der Medienkonvergenz. Berlin 2013, S. 67–87.
4. Jeff Greenwald: Future Perfect. How STAR TREK Conquered Planet Earth. New York 1998, S. 85.
5. Vgl. Kathrin Rothemund: Komplexe Welten. Narrative Strategien in US-amerikanischen Fernsehserien. Berlin 2013.
6. Marie-Laure Ryan / Jan-Noël Thon (Hg.): Storyworlds Across Media. Lincoln 2014, S. 19.
7. Vgl. Dietmar Dath: »Die Zeugen Yodas«. In: Spex, 8/1999.
8. Vgl. Chris Taylor: How STAR WARS Conquered the Universe. New York 2015.
9. Joseph Campbell: Der Heros in tausend Gestalten. Frankfurt/Main 2011.
10. Christopher Vogler: The Writer's Journey. Studio City 1998.
11. Mary Henderson: STAR WARS. Magie und Mythos. Köln 2002.
12. Will Brooker: BFI Modern Classics. STAR WARS. London 2009, S. 81.
13. Andreas Rauscher: »Playing Situationism«. In: Judith Ackermann / A.R. / Daniel Stein (Hg.): Navigationen. Playin' the City. Siegen 2016, S. 41–52, hier: S. 43.
14. Steven Poole: Trigger Happy. The Inner Life of Video Games. London 2000, S. 88.
15. Henry Jenkins: Textual Poachers. New York 1992.
16. Ebd., S. 294.
17. Chris Taylor: How STAR WARS Conquered the Universe. New York 2015, S. 397.
18. Laurent Jullier: STAR WARS. Anatomie einer Saga. Konstanz 2007, S. 254.

Der Ast, auf dem wir sitzen
Science-Fiction als Bildungsprogramm im Fernsehen der Bundesrepublik
Von Klaudia Wick

Der Blick ins Universum

Zwölf Menschen haben bisher den Mond betreten – alles Amerikaner. Aber geschätzt mehr als 500 Millionen Menschen überall auf der Welt waren allein Teil der Apollo-11-Mission. Sie saßen in der Nacht vom 20. auf den 21. Juli 1969 in Houston oder Köln, New York oder Sydney, im Wohnzimmer oder bei Nachbarn vor einem kleinen Fernseher, der verschwommene Schwarz-Weiß-Bilder und verzerrte Funksprüche aus dem All übertrug. In Houston war es noch der 20. Juli, in Deutschland fand die erste Mondlandung kurz vor Morgengrauen am 21. Juli statt. Aber die Fernsehbilder ließen alle Zeitzonen zu einem großen Jetzt verschmelzen, als Neil Armstrong seinen Astronautenstiefel in den Mondstaub im »Meer der Ruhe« setzte. Nur zwei der 500 Millionen Menschen der Apollo-11-Mission spazierten wirklich dort herum. Alle anderen hatten aber trotzdem das Gefühl, dabei gewesen zu sein, wurden doch die ersten Schritte eines Menschen auf dem Mond von der Außenkamera der Landefähre *Eagle* live auf die Erde übertragen. Um den Fernsehzuschauern überall auf der Welt diese mediale Teilhabe zu ermöglichen, waren die NASA-Konstrukteure ein erhebliches Risiko eingegangen. Sie hatten die Kamera nicht etwa sicher in der Landefähre verstaut, sondern an ihrer Außenseite montiert. Wie Michaela Krützen ausführt, wäre es andernfalls unmöglich gewesen, den ersten Schritt auf dem Mond im Livebild festzuhalten: »Armstrong hätte einmal *mit* und einmal *für* die Kamera aussteigen müssen.«[1] Was wohl aus dem Apollo-Programm geworden wäre, wäre der Besatzung der Mission Nr. 11 das widerfahren, was vier Monate später der Apollo 12 passierte: der Ausfall der Kamera?

Für den Siegeszug des Fernsehens, das in beiden Teilen Deutschlands im Laufe der 1960er Jahre für Jahrzehnte zum Leitmedium avancierte,[2] waren die Übertragungen der Apollo-Missionen sicher so bedeutend wie der Sieg im *Space Race* für die Kombattanten des Kalten Krieges. Das Angebot der zeitgleichen Teilhabe über so große räumliche Distanzen hinweg – der Mond ist

Klaudia Wick

Das Apollo-Sonderstudio des WDR ist die Zentrale für die Berichterstattung der ARD. 19 Stunden lang wird von hier aus über die Mondlandung berichtet. Im Hintergrund die Moderatoren Anatol Johansen, Hans Heine und Günter Siefarth

384.000 Kilometer von der Erde entfernt – machte den kleinen Bildschirm zu etwas ganz Großem: Der Philosoph Günther Anders, der 1956 die Inhalte des Fernsehbildschirms wegen seiner winzigen Fläche noch als »Nippesversion der Welt« etikettiert hatte,[3] beschreibt 13 Jahre später in *Der Blick vom Mond. Reflexionen über Weltraumflüge* die Wirkung der Fernsehübertragungen nun als Gefühl, »daß sich das Universum in unserem Zimmer befinde: Rechts steht dann der Plattenschrank, links die Getränke-Bar, und in der Mitte schwebt als drittes Möbel das Universum.«[4]

Dabei war die Übertragung der ersten Mondlandung über Stunden hinweg »nur« eine Übertragung aus dem nächstgelegenen Fernsehstudio. Die Deutschen hatten dabei die Wahl zwischen zwei Anbietern, die seit wenigen Jahren in Konkurrenz zueinander standen und deshalb beide ein aufwändig vorbereitetes Sonderprogramm sendeten: Die ARD berichtete 19 Stunden aus dem Kölner WDR-Studio B, das ZDF 21 Stunden lang aus einem Studio in Hamburg-Wandsbek. Von der NASA hatten beide die Rechte an insgesamt 90 Farb- und 40 Schwarz-Weiß-Minuten erwerben können, den Rest der Sendezeit füllten die Sender notgedrungen mit Interviews, Erklärstücken an Holzattrappen und Korrespondentenberichten aus den USA oder der UdSSR.

Der WDR hatte eigens im Studio die Kabine der Mondfähre in Originalgröße nachbauen lassen, beim ZDF hatte man eine acht mal drei Meter große Mondkarte ins Bild gerückt, die aus Fotos der Sonde *Lunar Orbiter* zusammengesetzt war, auch gab es noch eine Original *V2*-Rakete, die ein Exklusivinterview mit Wernher von Braun aus den USA illustrieren sollte. Die übrige Wartezeit wurde mit Gesprächen unter den Moderatoren gefüllt, so sprach Hans Heine zum Beispiel minutenlang über den Vorzug der Verwendung von Bleistiften im schwerelosen Weltall.

Der Blick auf die Welt

Ob große Ereignisse oder kleine Dinge: Letztlich ermöglicht der Blick vom Mond vor allem den Blick auf unsere Welt. Insofern waren die Schalten der Korrespondenten, die in der Nacht der ersten Mondlandung aus Moskau oder Houston berichteten, nicht nur der Bildernot geschuldet, sondern durchaus

RAUMPATROUILLE: Eva Pflug als Sicherheitsoffizier Tamara Jagellovsk in der Kommandozentrale der Orion

sinnstiftend gemeint. Die Erkundung des unendlichen Weltalls schien die Welt etwas überschaubarer gemacht zu haben. Man konnte das Jahrhundertereignis ja sogar im Wohnzimmersessel miterleben! Die Euphorie hätte kaum größer sein können, wie Kurt Wagenführ in seiner Fernsehkritik der Mondlandung formulierte: »›Die Technik‹, so schien es, hatte erstmals alle ihre guten Kräfte und Möglichkeiten, ihre Menschen und Mittel zusammengefasst, um ein Ziel zu erreichen: den Mond und die gleichzeitige umfassende aktuelle Information über diesen Vorgang.«[5]

Im Sommer 1975, also nur sechs Jahre nach der ersten Mondlandung und ihrer weltweiten Direktübertragung, trafen sich die Supermächte dann tatsächlich zum »Shakehands« im All: *Sojus 19* und ein Apollo-Raumschiff koppelten in der Erdumlaufbahn aneinander, die drei US-Astronauten konnten für wenige extraterrestrische Momente mit den beiden Kosmonauten die Seiten wechseln. Was für die Techniker *und* Politiker ihrer Zeit eine große Herausforderung darstellte, gehörte in den Science-Fiction-Serien STAR TREK und RAUMPATROUILLE – DIE PHANTASTISCHEN ABENTEUER DES RAUMSCHIFFES ORION bereits seit 1966 zum TV-Weltraumalltag: Sowohl die Mannschaft der *USS Enterprise* als auch die Besatzung der deutschen *Orion* sind selbstverständlich multinational zusammengesetzt. Frauen und Männer arbeiten – mehr oder weniger – gleichberechtigt miteinander, der Weltfrieden muss nur noch gegen Außerirdische wie die Frogs (RAUMPATROUILLE) oder Klingonen (STAR TREK) verteidigt werden.

Der Blick in die Zukunft

Die Geschichten der RAUMPATROUILLE entstanden nicht im luftleeren Raum. Viele technische Möglichkeiten, die in der Science-Fiction-Serie dem Fernsehpublikum als alltägliche Routinen vorgeführt wurden, waren ab 1961 in der ARD-Wissenschaftsreihe AUF DER SUCHE NACH DER WELT VON MORGEN (1961–87) als durchaus realistische Perspektiven thematisiert worden: So stellte das Wissenschaftsmagazin zivile Nutzungen der Raumfahrt wie etwa ein Space-Taxi in Aussicht, das schon in naher Zukunft einen bequemen Shuttledienst von und zur Erde ganz ohne Raumanzug ermöglichen werde.

Bereits 1966–67 stellte Heinz Haber die Frage in der gleichnamigen Fernsehreihe: WAS SUCHT DER MENSCH IM WELTRAUM? (ARD 1966–67). Darin thematisierte der Astrophysiker, der für die NASA die ersten Astronautenanzüge entwickelt hatte, erste kritische Aspekte der »Big Science« wie die militärische Nutzung von Satelliten oder den zivilen Nebennutzen der Wettererforschung (Geo-Engineering). Sein Handwerk als Fernsehproduzent hatte er in

GESCHICHTEN AUS DER ZUKUNFT: AUSTRALISCHE BLINDHEIT (ZDF 1978). Passagiere auf ihrem Rückflug nach Deutschland haben sich möglicherweise mit einem Virus infiziert, der zur Blindheit führt

den USA gelernt: »Vergiß, dass du ein Wissenschaftler bist – du mußt einfach Geschichten erzählen«, soll ihm Walt Disney geraten haben.[6] Diesem Rat folgte Haber nicht nur in seinen Wissenschaftssendungen wie LEBENDIGES WELTALL (ARD 1959–61), in denen er zunächst überwiegend am Schreibtisch gesessen und sein Publikum direkt angesprochen hatte, sondern in den 1970er Jahren auch als Präsentator von Dokuspielen wie den GESCHICHTEN AUS DER ZUKUNFT (ZDF 1978). Die Reihe folgte in Form und Inhalt dem Zeitgeist: Die allgemeine Technikeuphorie war verflogen und hatte einer wachsenden Skepsis gegenüber neuen Forschungsansätzen Platz gemacht. Das Fernsehen hatte seine Herkunft aus Radio und Theater abgestreift und unterhielt sein Publikum mehr und mehr mit filmischen Mitteln. So warnten die GESCHICHTEN AUS DER ZUKUNFT nun in ihren Spielszenen vor den »modernen Gefahren« wie Pandemien oder dem allzu sorglosen Umgang mit Schädlingsbekämpfungsmitteln. 1972 hatte der Club of Rome seinen Forschungsbericht *Grenzen des Wachstums* in der Schweiz vorgestellt, seitdem wurden die Thesen von einer apokalyptischen Zukunft für die Menschheit heftig und kontrovers diskutiert. In seiner ZDF-Reihe STIRBT UNSER BLAUER PLANET? (ZDF 1974) griff Heinz Haber die Argumente des Berichts auf und widmete sich explizit den Fragen

Klaudia Wick

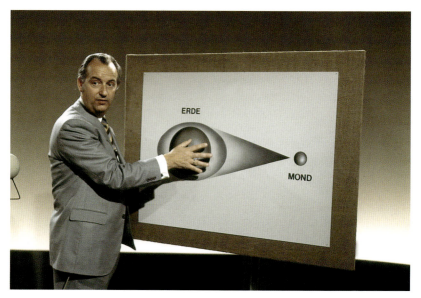

Hoimar von Ditfurth in einer seiner QUERSCHNITT-Sendungen. Hier spricht er über die Anziehungskraft des Mondes und erklärt, warum sich die Erdrotation ganz allmählich verlangsamt

der globalen Bevölkerungsentwicklung wie auch der weltweiten Umweltzerstörung. Auch der habilitierte Humanmediziner Hoimar von Ditfurth mahnte in seinem Wissenschaftsmagazin QUERSCHNITT (ZDF 1971–83, danach QUERSCHNITTE; 1981–89) regelmäßig vor den Folgen eines zu sorglosen Umgangs mit den Ressourcen der Erde. Seine zweiteilige Sendung DER AST AUF DEM WIR SITZEN (ZDF 1974) sagte zum Beispiel bereits Mitte der 1970er Jahre den Klimawandel und seine Folgen voraus. Die Erwärmung der Atmosphäre durch einen erhöhten CO_2-Gehalt veranschaulichte von Ditfurth mit einem augenfälligen Selbstversuch im Fernsehstudio. Mit Utopien beschäftigte sich in dieser Zeit beim ZDF nur noch die Unterhaltungsredaktion: Die Spielshow WÜNSCH DIR WAS (1969–72) widmete zum Beispiel 1972 eine ganze Sendung dem Thema »Utopien« und stellte die urbanen Begrünungs-Konzepte des Wiener Künstlers Friedensreich Hundertwasser vor.

Das ZDF, das seinen gesetzlich verordneten Bildungsauftrag in Abgrenzung zum damaligen Marktführer ARD mit möglichst populären Angeboten erfüllen wollte, entwickelte in den 1970er Jahren zudem eine Reihe von spekulativen Fernsehfilmen und -serien, die sich mit den verschiedensten dystopischen Zukunftsszenarien beschäftigten. Der Katastrophenfilm DIE INSEL DER KREB-

SE (1973; R: Gerhard Schmidt) thematisierte die Interessen der Militärs an der Forschung zur künstlichen Intelligenz (KI): Ein Müll fressender Roboter wird von einem Militärspion manipuliert und somit zur unkontrollierbaren Bedrohung für ein Forscherteam. Im Zentrum von Helma Sanders-Brahms' »Kleinem Fernsehspiel« DIE LETZTEN TAGE VON GOMORRHA (ZDF 1974) steht eine Traummaschine, die an die heutigen 360-Grad-Projektionskapseln erinnert und deren künstlich erzeugte Glücksgefühle die Benutzer seelisch abhängig und damit realitätsuntüchtig machen. Neben Rainer Erlers Minireihe DAS BLAUE PALAIS (ZDF 1974/76) erzählte die 13-teilige Science-Fiction-Serie ALPHA ALPHA (ZDF 1972) von einer weltumspannenden Geheimorganisation, deren Agenten ausgebildet werden, den Fortbestand menschlichen Lebens zu sichern.

Im Auftrag des WDR zeigten Tom Toelle und Wolfgang Menge in DAS MILLIONENSPIEL (ARD 1970) die Entgrenzungen durch das kommerzielle Privatfernsehen, das zum Zweck der werbefinanzierten Massenunterhaltung ein Menschenleben aufs Spiel setzt. Einige Jahre später entwarf Eberhard Itzenplitz für das Vorabendprogramm der ARD mit TELEROP 2009 – ES IST NOCH WAS ZU RETTEN (ARD 1974) ein Zukunftsszenario, in dem die Zivilisation bereits im Jahr 2009 vom Aussterben bedroht sein würde: Im Rahmen einer Fernsehsendung des fiktiven TV-Senders »Studio Telerop« wird die Bevölkerung auf die Migration zu einem anderen Planeten vorbereitet. Weil die »Selbstmordgeneration der 60er und 80er Jahre«[7] des 20. Jahrhunderts allzu sorglos mit Wasser, Luft und Erde umgegangen war, ist die Erde nur 30 Jahre später praktisch unbewohnbar geworden. Bei aller Spekulation hatte die Vorabendserie doch eine edukative Botschaft, die sich auf die Thesen des Club of Rome stützte und dem gesellschaftlichen Einfluss des Leitmediums Fernsehen Rechnung trug: Schon der Untertitel ES IST NOCH WAS ZU RETTEN zielte auf ein konkretes Umdenken im gegenwärtigen Alltagshandeln der Zuschauer eben dieser »Selbstmordgeneration« ab.

Der Blick auf uns selbst

Die Serie der wissenschafts- und fortschrittskritischen Near-Future-Dramen brach in den 1980er Jahren ab. Während sich die Fernsehfilmreaktionen zunehmend den »realistischeren« Sujets zuwandten, blieben die Wissenschafts- und Dokumentarfilmredaktionen den Zukunftsprognosen treu. Aber diese Redaktionen hatten und haben weniger Budget für aufwändige Fiktionalisierungen. In den wenigen noch realisierten Dokufiction-Spielen standen deshalb die teuren Reenactments in Konkurrenz mit technischen und dokumentarischen Ansätzen. So machte der HR-Dokumentarfilm-Redakteur Joachim

Klaudia Wick

2030 – AUFSTAND DER ALTEN: Bettina Zimmermann als Journalistin Lena Bach, die ein ungeheuerliches Geschäft mit den Alten der Gesellschaft aufdeckt

Faulstich zwar immer wieder mit spektakulären Filmen auf die Missstände in Umweltbelangen aufmerksam. Für die Visualisierung des Waldsterbens in KAHLSCHLAG – DER WALDREPORT 2010 (ARD 1989) oder der globalen Erwärmung in CRASH 2030 – ERMITTLUNGSPROTOKOLL EINER KATASTROPHE (ARD 1994) arbeitete er aber vor allem mit den zu diesem Zeitpunkt noch relativ neuen Möglichkeiten der computergestützten Bildbearbeitung. Erst 2007 wagte das ZDF wieder den Versuch, mit einer spekulativen Miniserie bei den Zuschauern Aufmerksamkeit für einen realen Missstand zu erzeugen: 2030 – AUFSTAND DER ALTEN (ZDF 2007; R: Jörg Lühdorff) entwirft eine Gesellschaft, die sich ihrer Fürsorgeverantwortung für Rentner entzieht, indem sie die Altenpflege kommerzialisiert hat. Der erhoffte Effekt einer breiten öffentlichen Beschäftigung mit dem Thema Altersarmut blieb aber aus.

An die Stelle der Hybridformen der 1970er Jahre – edukative Spielserien und Dokumentarspiele – traten in den 1980er Jahren sozialkritische Fernsehspiele und -serien, die sich mit der bundesrepublikanischen Gegenwart beschäftigten, wie die LINDENSTRASSE (ARD 1985 ff.) oder eskapistische Unterhaltungsangebote wie DIE SCHWARZWALDKLINIK (ZDF 1985–89), die alle Problemthemen der Zeit bewusst ausblenden. So musste der Wald in der SCHWARZWALDKLINIK an 32 verschiedenen Orten gedreht werden,[8] weil im Jahrzehnt des »Waldsterbens« ein Bild vom gesunden Schwarzwald nicht zusammenhängend zu haben war. Größere epische Serienformen dieser Zeit entstanden oft im Rahmen des Film-Fernseh-Abkommens und zielten auf eine internationale Zweitverwertung. Prominente Beispiele hierfür sind DAS BOOT (ARD 1981) von Wolfgang Petersen oder HEIMAT – EINE DEUTSCHE CHRONIK (ARD 1984) von Edgar Reitz.

In vielen westdeutschen Haushalten war der Fernseher in den 1980er Jahren zwar zum wichtigen »Regenerationsmöbel«[9] avanciert, dessen Anschaffung oder Reparatur Priorität vor anderen Konsumgütern wie Waschmaschine, Kühlschrank oder Auto besaß. Die Sehhaltung des Publikums war aber damit auch unumkehrbar ins Konsumistische gekippt. Mit der Einführung des Privatfernsehens 1984 vergrößerte sich stetig das Programmangebot, zudem ließen sich unbequeme Programminhalte inzwischen mit der Fernbedienung mühelos wegzappen. Um in der verschärften Konkurrenz um Aufmerksamkeit zu bestehen, boten die bildungsorientierten Sender von ARD und ZDF neben den Spannungsformaten wie der Krimireihe TATORT (ARD 1970 ff.) oder Sensationenshows wie WETTEN DASS..? (ZDF 1981–2014) die Aufbereitung möglichst spekulativer Themen an. Die ARD-Dokumentation UFOS – UND ES GIBT SIE DOCH sahen 1994 immerhin knapp acht Millionen Zuschauer,[10] eine Woche nach der Ausstrahlung hob das Erste zudem noch die Sondersendung UFOS – GIBT ES SIE WIRKLICH? ins Programm, in der unter anderem die Wissenschaftsjournalisten Ranga Yogeshwar und Harald Lesch das Weltbild im Streitgespräch wieder geraderücken sollten.

Nina Hagen bei einem Auftritt in der TATORT-Folge TOD IM ALL

Klaudia Wick

Ijon Tichy (Oliver Jahn) mit der analogen Halluzinelle (Nora Tschirner) in IJON TICHY: RAUMPILOT

Das Spiel mit den fliegenden Untertassen betrieb auch die TATORT-Folge TOD IM ALL (ARD 1997; R: Thomas Bohn), die aber das Science-Fiction-Genre lediglich zitierte, um das Formatschema der Krimireihe ins Spektakuläre zu erweitern. Außerirdische sind für das deutsche Fernsehen kein relevanter Beschäftigungsgegenstand – sieht man davon ab, dass die US-Sitcom ALF (NBC 1986–90) seit 1988 auf insgesamt elf verschiedenen deutschsprachigen Sendern ausgestrahlt wurde und wird.[11]

Neben der seriösen Beschäftigung mit der Erforschung des Weltraums finden sich in der Programmgeschichte des westdeutschen Fernsehens immer wieder unterhaltsame Angebote, die sich mal ironisch, mal selbstbezüglich mit dieser Berichterstattung beschäftigen. Beispiele sind hierfür Loriots Sketch MÖPSE AUF DEM MOND (CARTOON 15, SDR 1971), der die Liveübertragung von der Mondlandung persifliert, der Sprachkurs LES GAMMAS, LES GAMMAS (BR 1974–76), in dem Außerirdische Französisch lernen, oder Helge Schneiders Improvisation SCHRAUBE VERLOREN, WERKZEUG VERGESSEN (DCTP 2009) aus Anlass des Medienhypes rund um die Reparatur des Hubble-Teleskops. Bereits in den 1970er Jahren hatte der Kabarettist Dieter Hildebrandt in seiner ZDF-Reihe NOTIZEN AUS DER PROVINZ (1972–80) das Gerücht aufgegriffen, dem zufolge die Mondlandung in Wahrheit auf der Erde gedreht worden war. Im Rahmen der Nachwuchsredaktion »Kleines Fernsehspiel« entstand 2007 an der Filmhochschule dffb die freie Literaturadaption von Stanisław Lems *Sterntagebüchern*. Das Raumschiff von IJON TICHY: RAUMPILOT war eine Berliner

Altbauwohnung, das Ziel des Nischensenders ZDFneo die Eroberung des Internets: Die erste Staffel der 15-minütigen Episoden wurde in der Mediathek des ZDF vorveröffentlicht, um diesen Distributionsweg bei der jungen Zielgruppe bekannter zu machen. Im Millenniumsjahr kündigte die TV-Produktionsfirma Brainpool eine Spielshow namens SPACE COMMANDER an:[12] Im Rahmen eines siebentägigen Wettbewerbs könne ein Zivilist eine Reise zur Internationalen Raumstation ISS gewinnen. Die bereits für das Folgejahr angekündigte Sendung wurde aber nie realisiert.

Auf der Grenze zwischen Wissensvermittlung und Entertainment bewegt sich immer wieder der deutsche ESA-Raumfahrer Alexander Gerst durch den Weltraum, der zum Beispiel für die SENDUNG MIT DER MAUS (ARD 1971 ff.) ein Plüschtier mit in den Orbit nahm oder zum Beweis der Schwerelosigkeit schon mal Seifenblasen vor laufender Fernsehkamera bläst. Denn damals wie heute gilt: Das Fernsehen macht die großen Dinge klein. Und die Weltraummissionen müssen den Laien auf der Erde damals wie heute veranschaulicht werden. Das geht mit oder ohne schwerelosen Bleistift, aber nie ohne Kamera.

Anmerkungen

1 Michaela Krützen: Raumfahrt und Fernsehen. Von der Mondlandung zur Marsmission. Unveröffentlichter Vortrag 2001 (www.academia.edu; Hervorhebung im Originaltext).
2 In der Bundesrepublik waren 1960 3,4 Mio. Fernsehteilnehmer angemeldet, bis 1970 stieg diese Zahl auf 10 Mio. (s. Knut Hickethier: Geschichte des deutschen Fernsehens. Stuttgart 1998, S. 201). In der DDR stiegen die zugelassenen Fernsehgeräte von 1,45 Mio. 1961 auf 4,6 Mio. im Jahr 1971 (Hickethier 1998, S. 285).
3 Günther Anders: Die Antiquiertheit des Menschen. Über die Seele im Zeitalter der zweiten industriellen Revolution. München 1956, Sonderausgabe 1961, S. 152.
4 Günther Anders [1970]: Der Blick vom Mond. Reflexionen über Weltraumflüge. München 1994 (2. Aufl.), S. 66.
5 Kurt Wagenführ: »Die unvergessliche Stunde des Jahrtausends. Das Fernsehen übermittelte sie«. In: Fernseh-Informationen, Jg. 20/1969, H. 20/21, S. 470.
6 N.N.: »Gestorben: Heinz Haber«. In: Der Spiegel 8/1990, S. 272.
7 Zitat aus TELEROP 2009 – ES IST NOCH WAS ZU RETTEN, Folge *S.O.S. Sauerstoff* (1974).
8 N.N.: »Der Schwarzwälder Schinken«. In: Der Spiegel, 28.10.1985.
9 Knut Hickethier: »Zwischen Einschalten und Ausschalten«. In: Werner Faulstich (Hg.): Vom Autor zum Nutzer: Handlungsrollen im Fernsehen. Geschichte des Fernsehens in der Bundesrepublik Deutschland, Bd. 5. München 1994, S. 286.
10 So wird es eine Woche später von Moderator Peter Gatter in UFOS – GIBT ES SIE WIRKLICH? gesagt.
11 ZDF, Premiere, Sat.1, ProSieben, Kabel eins, Super RTL, Junior, RTLII, SciFi, Tele5, RTL Nitro.
12 Space TV lässt TV-Kandidaten ins Weltall fliegen. Pressemeldung vom 12.12.2000 (www.brainpool.de/Presse/2000/Dezember/Space-tv-laesst-Kandidaten-ins-Weltall-fliegen).

Begegnung im Weltall

Kosmosvisionen im sowjetischen Science-Fiction-Film

Von Matthias Schwartz

Ein Reich der Tristesse: Begegnung im Filmstudio

Ende des Jahres 1964 fanden sich einige der einflussreichsten Science-Fiction-Schriftsteller und -Kritiker der Sowjetunion in der Chefredaktion des wichtigsten Filmstudios des Landes, Mosfilm, zu einem Krisentreffen mit den verantwortlichen Redakteuren für Drehbücher ein. Es ging um Kinofilme über die Erstürmung des Weltraums, die Situation war dramatisch. Denn die Sowjetunion hatte seit nunmehr sieben Jahren ihre bislang unbestrittene Vormacht in der unbemannten wie bemannten Raumfahrt gegenüber dem US-amerikanischen Konkurrenten behauptet. Es begann im Oktober 1957 mit dem Sputnik-Schock, weitere unbemannte Satelliten- und Raketenmissionen folgten, ehe im April 1961 Juri Gagarin als erster Mensch den Planeten im erdnahen Weltraum umkreiste. Im Juni 1963 folgte mit Valentina Tereschkowa die erste Frau im All, und im März 1965 unternahm Alexei Leonow den ersten Weltraumspaziergang. Das *Space Race* wurde für die sowjetische Führung zu einer unschätzbaren Propagandawaffe. Die Weltraumeuphorie hatte nicht nur die eigene Bevölkerung in ihren Bann gezogen – auch das internationale Ansehen als führende Weltmacht im antikolonialen Befreiungskampf wurde von den Kosmonauten im Dienste von Frieden und Freundschaft gehörig aufpoliert.

Und auch die schöne Literatur in Gestalt des neu begründeten Genres der Science-Fiction – der Wissenschaftlichen Fantastik oder Wissenschaftsfantastik, wie es im Russischen hieß – hatte wesentlichen Anteil an der allgemeinen Faszination für Sternenflüge und außerirdische Welten.[1] Innerhalb weniger Jahre hatte sich das Genre zu einem der populärsten des Landes verwandelt, neue Starautoren hervorgebracht und auch im Westen als eine gänzlich »andere Science-Fiction« Aufmerksamkeit erregt. Große utopische Zukunftsentwürfe über die Besiedelung ganzer Galaxien, den interplanetaren Siegeszug der kommunistischen Weltrevolution, Kontakte der dritten Art mit Außerirdischen jeglicher Gestalt, Zeitreisen, Raumlöcher und humanoide Intelligenzen eröffneten neue Horizonte und ermöglichen tiefgreifende Reflexionen über den Blauen Planeten und den Zustand seiner Bewohner und Bewohnerinnen.

Allein vom Kino, der laut Lenin wichtigsten aller Künste zur Verbreitung bolschewistischer Botschaften, war bislang nichts zu sehen. Nicht einen einzigen Film über die Raumfahrt hatte das größte Kinostudio des Landes in den letzten sieben Jahren vor dem Krisentreffen produziert, ja es hatte überhaupt keinen Science-Fiction-Film zustande gebracht. Lediglich ein einziger Genrefilm hatte es in jüngerer Zeit zu landesweiter Beliebtheit gebracht, der jedoch nicht von Kosmonauten, sondern von den melodramatischen Abenteuern eines »Amphibienmenschen« in einem fernen südamerikanischen Land handelt. 1962 wurde TSCHELOWEK-AMFIBIJA, basierend auf dem Roman von Alexander Beljajew (1884–1941) aus dem Jahr 1928, in der Regie von Gennadi Kasanski und Wladimir Tschebotarew zum meistgesehenen Film des Jahres, den allerdings nicht Mosfilm, sondern das Leningrader Studio Lenfilm produziert hatte. Entsprechend gereizt war die Stimmung bei dem Treffen im Dezember 1964 im Moskauer Filmstudio.[2] Die Schriftsteller und Kritiker nannten eine Vielzahl an Romanen und Erzählungen, die sich hervorragend für Drehbücher eigneten, verwiesen auf die internationalen Erfolge des Science-Fiction-Films, vor allem in den USA, und machten unzählige Vorschläge, wie die Situation zu verbessern sei. Denn gleichzeitig berichteten sie von ihren frustrierenden Erfahrungen mit Drehbuchschreibern, Zensoren und Mitarbeitern der Filmindustrie, die ständig neue Forderungen aufstellten, wie ein Kinoszenarium auszusehen habe, statt sich auf die Heterogenität und Offenheit des Genres einzulassen. Vor allem aber, so der einhellige Tenor der Fantastik-Schriftsteller, seien die Ignoranz und das Desinteresse seitens der Regisseure erschreckend, die sich noch nie im Leben mit Science-Fiction befasst hätten. Noch immer werde das Genre als zweitklassige Literatur behandelt, die künstlerisch nichts tauge und daher auch für Verfilmungen nicht in Betracht komme. So sei es symptomatisch, dass kein einziger Regisseur zu dem Treffen erschienen sei. Nur eine Intervention der Studioleitung, wenn nicht gar des Kulturministeriums sowie eine grundlegende Reform der Ausbildung könnten hier Abhilfe schaffen. Denn für die nächsten beiden Jahre 1965 und 1966 habe man vom Finanzministerium ein entsprechendes Budget zugesichert bekommen, um systematisch Science-Fiction-Filme produzieren zu können.

Nichts dergleichen geschah. Drei Jahre später zog der Moskauer Science-Fiction-Schriftsteller, Kritiker und Genrehistoriker Georgi Gurewitsch (1917–1998), der bei dem Treffen ebenfalls anwesend war, eine ernüchternde Bilanz – kein einziger neuer Science-Fiction-Film sei in den letzten beiden Jahren entstanden, lediglich vier Filme über die Eroberung des Weltraums seien in den Jahren 1959 bis 1963 überhaupt produziert worden, alle mit zweitrangigen Regisseuren, dabei kein einziger vom Filmstudio Mosfilm. Was nicht gerade eine »reichhaltige Auswahl« darstelle, vielmehr die Lügen »unserer Feinde im Ausland« bestätige, dass der Kommunismus »ein Reich der vollkommenen Tristesse und des Zwangs« darstelle. Er habe alle Filmschaffenden, mit denen er gesprochen habe, daher gefragt, woran das liege:

> Ich habe ganz unterschiedliche Antworten bekommen, manchmal respektlose, häufiger abstruse, und langsam bekam ich den Eindruck, dass es hier keine vernünftigen Gründe gebe, sondern nur Trägheit und Voreingenommenheit, es gibt [...] eingefleischte Vorurteile, und allein sie verhindern die Geburt einer Kinofantastik.[3]

So schrieb Gurewitsch ein ganzes Büchlein für zukünftige sowjetische Filmproduzenten und Regisseure, um diese Vorurteile ein für alle Mal auszuräumen, indem er, angefangen von Georges Méliès' LE VOYAGE DANS LA LUNE (Die Reise zum Mond; 1902) und Fritz Langs FRAU IM MOND (1929) bis zu aktuellen US-Blockbustern der Gegenwart, ausführlich die enormen künstlerischen und propagandistischen Möglichkeiten des Genres darlegte. Doch auch diese Agitationsschrift blieb ungelesen. Es sollte noch weitere fünf Jahre brauchen, bis Mosfilm endlich ein Drehbuch und einen Regisseur fand, die man einer Filmproduktion für würdig erachtete, doch war es für die Propaganda der sowjetischen Weltraumerfolge schon längst zu spät – die Amerikaner waren 1969 auf dem Mond gelandet, der so entstandene Film konnte bestenfalls noch als ein bitteres Resümee eines verflossenen Zeitalters gedeutet werden: Im Jahre 1972 verfilmte Andrei Tarkowski SOLARIS nach dem gleichnamigen Roman von Stanisław Lem.

Die Rückseite des Mondes: Sowjetische Science-Fiction-Filme vor dem Sputnikflug

Im Jahr 1936, in dem der Große Terror, die Schauprozesse und Säuberungen der Stalinzeit ihren Anfang nahmen, veröffentlichte der einflussreichste Science-Fiction-Schriftsteller jener Jahre, Alexander Beljajew, einen Kurzroman mit dem Titel *Der Stern KEZ*. Der Name leitet sich ab aus den Initialen des russischen Raumfahrtpioniers, Wissenschaftspopularisators und Erfinders Konstantin Eduardowitsch Ziolkowski (1857–1935), dessen Tod ein Jahr zuvor noch mit einer Trauerfeier auf dem Roten Platz in allen Ehren begangen worden war. In dem Ziolkowski gewidmeten Roman stellen die Haupthelden auf ihrem ersten Flug zum Mond bei der Erforschung des Erdtrabanten eines Tages zu ihrem Entsetzen fest, dass seine der Erde immer abgewandte Rückseite gar nicht existiert. Sie ist ein Nichts, sie fehlt, sie ist anscheinend von einem Meteoriten schon vor Jahrtausenden zerstört worden: Der Mond ist ein ewiger Halbmond.

> Ich schloss unfreiwillig meine Augen. Und als ich sie wieder öffnete, schien es mir, als wenn wir den Mond verlassen hätten und uns im offenen Weltraum fänden. Ich schaute mich um, ich schaute [...] geradeaus und sah – nichts. Nach unten – nichts. Schwarze Leere. Die Lichtreflexion verschwand allmählich, und es blieb – vollständige Dunkelheit. / Was für ein Abenteuer![4]

Die Rückseite des Mondes als die große Leerstelle der sowjetischen Weltanschauung: Es gibt wahrscheinlich keine bessere Metapher für das Verhältnis der Künste in der Sowjetunion zur offiziellen Raumfahrtbegeisterung, und dieses Verhältnis war nicht erst seit Tarkowskis Filmen, nicht erst seit den Raumfahrterfolgen der Tauwetterzeit, nicht erst seit Beljajews ketzerischem Roman ein zwiespältiges. Denn ungeachtet der vielfältigen, jüngsten Publikationen über den sowjetischen Weltraumenthusiasmus seit den 1920er Jahren lassen sich nur wenige künstlerische Produktionen im Bereich des Films finden, die sich dem Thema widmeten.[5]

Ein berühmtes und zugleich das einzige Beispiel hierfür ist Jakow Protasanows (1881–1945) seinerzeit mit großer Spannung erwartete Verfilmung von Alexei Tolstois Marsroman *Aelita* (1922) aus dem Jahr 1924, handelte es sich doch um das erste Werk eines der prominentesten Filmregisseure der Vorkriegszeit, das dieser nach seiner Rückkehr aus der Emigration 1923 drehte. Der Film hatte schon ein halbes Jahr vor seiner Premiere durch Zeitungsanzeigen von sich reden gemacht, die ihn als »ersten russischen Streifen« anpriesen, der nicht hinter »den besten ausländischen Inszenierungen« zurückbleibe, und die unter dem seltsamen Kryptogramm *Anta ... Odeli ... Uta* die Nachricht verbreiteten: »Seit einiger Zeit empfangen die Radiostationen der Welt unverständliche Signale ...«

Entsprechend nimmt die Filmhandlung am 4. Dezember 1921 um 18:27 Uhr mitteleuropäischer Zeit ihren Anfang, als zeitgleich von Militärfunkern in einem asiatischen Land, von weißen Kolonialherren in der arabischen Wüste und von Moskauer Funkern die »seltsame Botschaft« empfangen wird. Doch bis auf den frisch verheirateten Hobbyraketenbauer und im Moskauer Telegrafenamt beschäftigten Ingenieur Los (gespielt von Nikolaj Zeretelli) beachtet niemand den Funkspruch. Geplagt von Eifersucht auf seine Ehefrau Natascha, beginnt Los davon zu träumen, dass die unverständliche Botschaft von einer »Herrscherin des Mars« mit Namen Aélita an ihn gerichtet sein könnte. Während die im

AELITA: ... die unverständliche Botschaft von einer Herrscherin des Mars

kubofuturistischen Dekor gehaltenen Marsszenen diese Träumereien zu einer Parallelhandlung entfalten, beschreibt der irdische Handlungsstrang gerade das Scheitern solcher romantischen Liebesabenteuer in »exotischen« Welten. Nicht nur das durch westliche Melodramen (Natascha) und Abenteuergeschichten (Los) ideologisch fehlgeleitete Ehepaar scheitert bei der Rückkehr in ein geordnetes Alltagsleben nach dem Ende des Bürgerkriegs. Auch der schwärmerische Bürgerkriegsheld und Rotarmist Gusev, der skrupellose Betrüger Erlich und der als ehrgeiziger Sherlock-Holmes-Nachahmer auftretende Privatdetektiv Krawzow (gespielt von Igor Iljinski) repräsentieren in diesem Sinne den missglückten Versuch, westliche Abenteuerhelden für die sowjetische Wirklichkeit zu adaptieren. Erst nach dem missglückten Eifersuchtsmord an Natascha kommt der weltfremde Ingenieur zur Besinnung und verbrennt seine Raketenpläne mit den an seine wiedergefundene Ehefrau gerichteten Worten: »Genug geträumt – auf uns alle wartet eine andere, wirkliche Arbeit.«

Während in Tolstois Romanvorlage Los' Marsträumereien immerhin noch als emanzipatorische Schwärmereien über die Möglichkeiten einer die irdischen Gefilde übersteigenden Weltrevolution gelesen werden konnten, wird hier jeder Gedanke an die Raumfahrt als schädlich und konterrevolutionär verworfen. Die Kritik störte sich zudem an der »spießbürgerlichen Romantik« des Films ohne »ideologischen Gehalt«, weswegen er umgehend mit einem Exportverbot belegt wurde und für Jahrzehnte als misslungene Romanadaption in den Kinoarchiven verschwand.[6] Und mit ihm verschwand auch das Thema aus dem sowjetischen Kino – Spielfilme über die Raumfahrt wurden für das folgende Jahrzehnt nicht mehr gedreht.

Erst im Jahr 1935 kam es zu einem erneuten Anlauf, und zwar mit der »fantastischen Novelle« KOSMITSCHESKI REJS (Der Kosmosflug), dem Erstlingswerk des Regisseurs Wassili Schurawljow (1904–1987), für das Alexander Filimonow das Drehbuch schrieb und bei dessen Realisierung der greise Konstantin Ziolkowski als wissenschaftlicher Berater engagiert wurde. Der dem Wissenschaftler gewidmete Film nimmt im Moskauer K.-E.-Ziolkowski-Allunionsinstitut für interplanetare Mitteilungen im Jahr 1946 seinen Ausgang, von dem aus nach kontroversen Debatten über die Risiken und Chancen eines solchen Unternehmens der erste Mondflug und die erste Mondlandung mithilfe einer von Ziolkowski skizzierten kosmischen Rakete organisiert und realisiert werden. Hauptheld ist ein junger, raumfahrtbegeisterter Pionier, der sich als blinder Passagier auf die Mondrakete schmuggelt. Doch ein Jahr nach der Etablierung des Sozialistischen Realismus als allgemein verbindlicher Doktrin, die nach positiven Helden im irdischen Diesseits verlangte, konnte die eher an Jules Verne denn an Maxim Gorki erinnernde, etwas schematische und noch nicht einmal kurzweilige Handlung wenig Begeisterung wecken, worüber auch ein paar gelungene Kulissen und Raketenmodelle nicht hinwegtrösteten. Die kargen Mondlandschaften als halsbrecherische Gesteinswüste boten auch wenig Spezialeffekte. So lässt sich Beljajews ein Jahr später publizierter, oben schon erwähnter Roman *Der Stern KEZ* auch als ironische Antwort auf diese Kinonovelle lesen, die darauf hinweist, dass für Träumereien von anderen Welten und von der Rückseite des Mondes wohl doch die Literatur das geeignetere Medium ist.

Es brauchte noch ein weiteres Jahrzehnt, die Jahre des Terrors, des Großen Vaterländischen Krieges, der deutschen Besatzungszeit und der Atombombe, ehe Begegnungen mit dem Kosmos wieder in den Fokus der Kinokünste gerieten. Ausgerechnet in der späten Stalinzeit nach Kriegsende zeichnete sich eine seltsame Dynamik innerhalb des sowjetischen Kulturbetriebs ab, in der inmitten ideologischer Dogmatik und der inzwischen kanonisierten Ästhetik des Sozialistischen Realismus immer wieder auf den Kosmos, auf außerirdische Welten bezogene Fantasien eine besondere Faszination auszuüben schienen. Wiederholt tauchen in Publizistik und Belletristik populärwissenschaftliche oder fiktionale Spekulationen auf, dass »Sternenschiffe« aus den Tiefen des Weltalls auf der Erde gelandet seien, »Gäste aus dem Kosmos« das irdische Schicksal verändern könnten oder menschliche Flüge zu den Sternen in naher Zukunft bevorstünden. Niemand anderes als Stanisław Lem begann in jenen späten 1940er und frühen 1950er Jahren in der jungen Volksrepublik Polen seine ersten literarischen Versuche im Genre Science-Fiction, wesentlich inspiriert durch sowjetische populärwissenschaftliche Zeitschriften jener Zeit. 1954 widmete der einflussreiche Wissenschaftspublizist Boris Ljapunow (1921–1972) sein Buch *Die Entdeckung der Welt* dem in der Nachkriegszeit anfangs vor allem als Raketeningenieur wiederentdeckten Konstantin Ziolkowski, indem er ausführlich die kosmischen Perspektiven der Menschheit darlegte.

Doch den Weg zurück ins Kino schaffte der Weltraum erst über einen Umweg – und zwar das Leningrader Kinostudio für wissenschaftlich-populären Film. Hier war es der weltraumbegeisterte Schriftsteller und Regisseur Pawel Kluschanzew (1910–1999), der eine neue Form des populärwissenschaftlichen Lehrfilms schuf. Wesentlicher Bestandteil sind mit seinerzeit sensationellen Spezialeffekten geschaffene Planeten- und Zukunftslandschaften, die von Menschen entdeckt und besiedelt werden. Seinen Anfang machte Kluschanzew mit einem knapp zehnminütigen Kurzfilm über Meteoriten (METEORITY; 1948), in dem er unter Verweis auf den seinerzeit heiß diskutierten sogenannten Tunguska-Asteroiden – einen 1908 im sibirischen Fernen Osten niedergegangenen Himmelskörper, der niemals gefunden worden ist – mithilfe anschaulicher Trickaufnahmen das Phänomen und seine wissenschaftlichen Erklärungen erörtert. 1951 folgte dann WSELENNAJA (Das Weltall), in dem er knapp 40 Minuten lang die Genese und Planeten unseres Sonnensystems darstellt und durch beindruckende Modelle und Simulationen visualisiert. Seinen Durchbruch jedoch schaffte Kluschanzew im Zuge des ersten Sputnikflugs mit seinem ersten abendfüllenden Kinofilm, einer stark fiktionalisierten Biografie über das Leben und die Visionen von Ziolkowski aus Anlass von dessen 100. Geburtstag, DOROGA K SWJOSDAM (Der Weg zu den Sternen; 1958). Dieser Film ist ganz getragen vom Fortschrittsenthusiasmus und der Wissenschaftsgläubigkeit der frühen Chruschtschowjahre, als im Zuge der Sputnikflüge, der Kybernetik-Mode und mithilfe der Atomenergie eine zweite industrielle Revolution möglich zu sein schien. In ihr schien dank einer weitgehenden Automatisierung der Produktion nicht nur sehr viel weniger Arbeit bei gleichzeitig wachsendem Wohlstand auf Erden, sondern auch eine Besiedelung des Weltalls in den Bereich des tatsächlich Möglichen gekommen zu sein. Entsprechend ist die letzte halbe Stunde dieses Biopics den Zukunftsträumen des Raketenpioniers gewidmet, in denen Kluschanzew die menschliche Eroberung, Besiedelung und Aneignung des Weltraums in so überzeugend wirkende Bewegungsbilder fasst, dass er für seine Trickaufnahmen mehrere internationale Filmpreise

Begegnung im Weltall

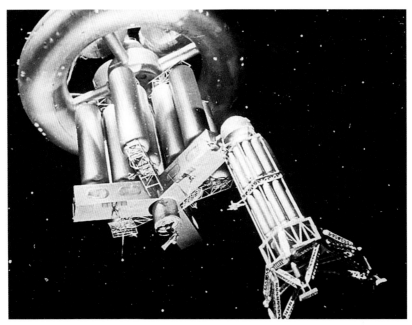

DER WEG ZU DEN STERNEN: ... die menschliche Eroberung, Besiedlung und Aneignung des Weltraums in überzeugend wirkenden Bewegungsbildern

bekommen hat. Futuristische Innen- und Außenansichten von Raumschiffen, kreisende zirkuläre Raumstationen, aparte Mondsiedlungen und in der Schwerelosigkeit sich bewegende Kosmonauten waren so auf der Leinwand bislang noch nicht gesehen worden. Anhaltende Gerüchte und mehrere Zeitzeugenberichte besagen, dass es besonders dieser Film Kluschanzews gewesen sei, der wesentlich Hollywoods damalige Weltraumfilme und Space Operas bis hin zu Stanley Kubricks 2001: A SPACE ODYSSEY (2001: Odyssee im Weltraum; 1968) beeinflusst habe. Wie immer dem auch sei, zu einem Begründer eines eigenständigen sowjetischen oder osteuropäischen Science-Fiction-Kinos im Zeichen der kosmischen Ära wurde er nicht.

Der Himmel ruft: Weltraumvisionen der Tauwetter- und Stagnationszeit

Nach dem Flug des Sputnik, der in der Presse als Beginn einer neuen kosmischen Ära der Menschheit gefeiert wurde, kam der erste osteuropäische Spielfilm über Weltraumflüge überhaupt nicht aus Moskau oder Leningrad, sondern aus dem Kiewer Dowtshenko-Filmstudio. NEBO ZOWJOT (Der Himmel ruft) aus dem Jahr 1959 war ein Auftragswerk, bei dessen Drehbuch der Verantwortliche für Filmpolitik im ZK der KPdSU, Alexei Sasonow, als Ko-Autor fungierte. Die Regie übernahmen zwei unbekannte Regisseure, Alexander Kosyr, der zuvor nur einen einzigen Kinderfilm gedreht hatte, und Michail Karjukow, der mit dem Werk debütierte. Die Handlung entsprach ganz den Anforderungen des Kalten Krieges, die Boris Ljapunow wie folgt zusammenfasste:

> Eine Raumstation wird gebaut, damit die Besatzung von hier aus nicht zum Mond, sondern zum Planeten Mars fliegen kann. Das ist der Plan ... Doch die Bosse der amerikanischen Astronauten sind erpicht darauf, die Russen auf Teufel komm raus zu überholen. Als Folge ihrer Eile gerät das Raumschiff auf seinem Weg zum Mars in einen Meteoritenschwarm. Die sowjetischen Kosmonauten retten die amerikanischen, die ansonsten gestorben wären.[7]

Und aufgrund dieser Rettungsaktion wird es nichts mit dem ersten Marsflug der Menschen.

Sehr viel beeindruckender als die schematische Handlung sind die Filmbilder einer kosmischen Zukunft, die der Bühnenbildner Juri Schwez geschaffen hat: das futuristische Innendesign der Raumschiffe, durch deren Bullaugen sich ein Blick auf den Sternenhimmel eröffnet, oder das Panorama eines kargen, felsigen Planeten, an dessen leicht gekrümmtem Horizont einige Kosmonauten den Aufgang einer knallroten Sonne beobachten, während minimalistische elektronische Musik heute zu einem Klischee geronnene, damals jedoch noch neuartige sphärische Klänge erzeugt. Aber auch ein Walzer beim Abschied der Kosmonauten ist zu hören, der von der Symbiose von technischem Fortschritt und klassischer Hochkultur im sowjetischen Sinne zeugt, während auf den von Reklame und Hektik geprägten Straßen New Yorks wilde Jazzrhythmen die Dekadenz des Westens symbolisieren.[8]

Charakteristisch ist die Rahmenhandlung des Films, erzählt sie doch von einem jungen Schriftsteller, der in einer Ausstellung des Instituts für Weltraumflüge Inspiration für seinen neuen Roman sucht. Neben einem Modell des Sputnik beflügeln Ausstellungsstücke von Raumschiffen, Weltraumstationen und modische Kosmonautenanzüge seine Einbildungskraft, die später in der Binnenhandlung filmische Wirklichkeit wird. So erweist sich letztlich die Fantasie der Science-Fiction-Autoren, nicht aber das Kino als Ideengeber für das kosmische Zeitalter. Andere Medien wie das Radio oder das Fernsehen haben hingegen innerhalb des Plots die zentrale Funktion, die neue kosmische Realität mit dem irdischen Diesseits zu verbinden. Immer wieder werden Liveübertra-

Begegnung im Weltall

gungen von Radio Moskau aus dem Weltraum gezeigt, während die Kosmonauten mithilfe des Fernsehens ihre Sehnsucht nach der Erde überwinden, indem sie sich Ballettaufführungen ansehen oder Bildschirmbotschaften übermitteln. Diese permanente Demonstration drahtloser Kommunikationsmedien gibt dem Titel DER HIMMEL RUFT somit eine ambivalente Bedeutung, zeigt sie doch, dass die Wunschträume vom Weltraum immer auch eine Produktion der sowjetischen Medien sind, die von der Belletristik über das Radio bis zum Fernsehen alle Bilder und Worte der Protagonisten kontrollieren.

Einem anderen Thema widmet sich hingegen der zweite sowjetische Film über die Raumfahrt, der einzige Spielfilm, den Kluschanzew in seinem Leningrader Filmstudio gedreht hat. Der Film PLANETA BUR (Planet der Stürme) von 1961 basiert auf dem Drehbuch des einflussreichen Science-Fiction-Schriftstellers der Stalinzeit, Alexander Kasanzew (1906–2002), und erzählt von dem Flug zweier Raumschiffe zum Planeten Venus. Ihre Besatzung besteht aus fünf Männern, einer Frau und einem Roboter, wobei lediglich der Roboter und sein Besitzer, ein älterer Wissenschaftler, aus dem englischsprachigen Ausland kommen. Die Venus erweist sich als ein von Nebeln, Stürmen und Vulkanausbrüchen beherrschter, unwirtlicher Himmelskörper, auf dem hüpfende und flie-

PLANET DER STÜRME: Venus erweist sich als unwirtlicher Himmelskörper

gende Dinosaurier verschiedener Größe ihr Unwesen treiben. Doch unter der wüsten Oberfläche finden die sowjetischen Kosmonauten immer wieder vage Hinweise auf eine kosmische Hochzivilisation, was sie zu philosophischen Reflexionen über eine anthropogene, das ganze Universum besiedelnde »solare Rasse intelligenter Wesen« inspiriert, die seinerzeit das mythische Atlantis und damit die irdische Menschheit begründet und auch auf der Venus ihre Spuren hinterlassen habe – eine Hypothese, die am Ende des Films durch den aufscheinenden Schatten einer schlanken Frauengestalt auch visuell bestätigt wird. Ein Protagonist fasst diese Träumereien in die pathetischen Worte: »Die Migration des Lebens ist so natürlich, wie Samen vom Wind über die Erde verstreut werden. Und Ableger eines einzigen Stammes lebender Wesen entwickeln sich im Sonnensystem. Der Sonnenstamm …« Entsprechend dieser universalen Fragestellung, die an Erich von Dänikens parawissenschaftliche Spekulationen über die außerirdischen Wurzeln antiker Kulturen erinnert, spielt der Kalte Krieg in PLANET DER STÜRME kaum mehr eine Rolle: Der Roboter spielt unterhaltsame Swingmusik, ehe er mit Gewalt abgeschaltet werden muss, da er, anstatt die Menschen vor den Lavaströmen zu retten, zuerst an seine eigene metallene Haut denkt. Der amerikanische Gelehrte wiederum ist ein typischer Vertreter aus dem wissenschaftlichen Elfenbeinturm ohne politisches Bewusstsein. Ansonsten vermag die triviale Abenteuerhandlung wenig Spannung zu erzeugen und reproduziert die typischen Helden- und Geschlechterrollen der Stalinzeit. So muss die im Raumschiff zurückgelassene Frau als Funkerin Angst und Verzweiflung durchleiden, wohingegen sich ihre Männer auf dem stürmischen Planeten gegen die widrige Natur der Venus behaupten.

Während die beiden Filme in den sowjetischen Kinos seinerzeit keine großen Erfolge verbuchen konnten, waren US-Filmemacher von ihren Spezialeffekten immerhin so beeindruckt, dass sie DER HIMMEL RUFT und PLANET DER STÜRME für amerikanische B-Movies wiederverwerteten, in denen aller ideologischer Ballast entsorgt wurde. Einige Szenen wurden unter anderem mit exotischen halbnackten Venusjungfrauen ergänzt, und den Protagonisten wurden weniger bedeutungsschwere Dialoge in den Mund gelegt. Auf die amerikanischen Leinwände kamen diese Werke dann als BATTLE BEYOND THE SUN (1962; R: Francis Ford Coppola) und VOYAGE TO THE PLANET OF PREHISTORIC WOMEN (1968; R: Peter Bogdanovich), aber ohne jeglichen Hinweis auf den Ursprung der Filmbilder.

Zwei weitere Filme dieser Jahre widmeten sich dem Weltraumflug. Zum einen der 1959 vom Moskauer Studio für populärwissenschaftlichen Film produzierte Spielfilm JA BYL SPUTNIKOM SOLNZA (Ich war ein Sputnik der Sonne) in der Regie von Viktor Morgenstern, in dem ein junger Forscher und

BEGEGNUNG IM ALL: ... eine mögliche Begegnung mit Außerirdischen im Weltall

Kosmonaut sich auf die Spuren seines im All verschollenen Vaters begibt und in einer lebensgefährlichen Mission dessen um die Sonne kreisenden wissenschaftlichen Nachlass für die Nachwelt retten kann. Die Spezialeffekte in dem durch viele populärwissenschaftliche Dialoge geprägten Film beschränken sich auf Zeichentrickeinspielungen zur Veranschaulichung der erörterten Hypothesen.

Beim anderen handelt es sich um den zweiten von Michail Karjukow (diesmal zusammen mit Otar Koberidse und im Kinostudio von Odessa) gedrehten Film METSCHTE NAWSTRETSCHU (Begegnung im All; wörtlich übersetzt: Dem Wunschtraum entgegen), der Ende 1963 in die Kinos kommt und eine mögliche Begegnung mit Außerirdischen im Weltall inszeniert. Doch neue Maßstäbe vermochten diese Filme nicht mehr zu setzen. So waren sie bald vergessen, und erst Filmhistoriker holten sie in den letzten Jahren wieder aus den Archiven. Kluschanzew produzierte noch zwei populärwissenschaftliche Zukunftsvisionen: eine über die sowjetische Besiedelung des Mondes (LUNA; 1965), die aufgrund der bereits augenfälligen Probleme beim sowjetischen Raumfahrtprogramm auf wenig Gegenliebe bei den Offiziellen stieß, und eine über vergangenes und zukünftiges Leben auf dem Mars (MARS; 1968), die bereits damals nicht ganz dem aktuellen Forschungsstand entsprach. Einen letzten Versuch, ein sowjetisches Kinogenre über die bemannte Raumfahrt zu begründen, stellte Ewgeni Schterstobitows Verfilmung des erfolgreichsten Romans der Tauwetterzeit, *Andromedanebel* (dt. auch unter dem Titel *Das Mädchen aus dem All*; 1957) von Iwan Jefremow, dar, die 1967 in die Kinos kam. Der im Kiewer Dowschenko-Filmstudio produzierte Film wurde aufgrund seiner statischen Handlung, pathetischen Dialoge, der exotisch-folkloristisch anmutenden Kostüme und Kulissen sowie romantisch-kitschigen Landschaftsaufnahmen der Krim jedoch ästhetisch wie kommerziell ein vollkommener Flop.

Dieser Misserfolg lag nicht nur daran, dass sich von den etablierten Regisseuren keiner an das Mainstream-Genre heranwagen wollte, und auch finanzielle oder technische Probleme spielten augenscheinlich – wie Kluschanzews Beispiel zeigt – keine Rolle, war man doch bis zu den höchsten Regierungsstellen bereit, die künstlerische Propagierung der Raumfahrt mit allen Mitteln zu unterstützen. Wahrscheinlich war es vor allem die veränderte Erwartungshaltung der Zuschauerinnen und Zuschauer, die jede Art von Science-Fiction-Literatur begeistert kauften und lasen. Denn in der Belletristik hatte sich das Genre seit Ende der 1950er Jahre innerhalb kurzer Zeit zur beliebtesten Literaturgattung der Sowjetunion entwickelt. Es entfaltete sich im rasanten Tempo und legte nach den ersten ideologisch konformen Zukunftsvisionen schnell ein breites Spektrum an fantastischen Schreibweisen vor, die von technisch-wissenschaftlichen Spekulationen, dystopischen Zivilisationsentwürfen, unterhaltsamen Space Operas und kybernetischen Gedankenspielen bis zu fantastischen Zaubermärchen, philosophischen Spekulationen über den Status des Menschen sowie existenziellen Fragestellungen zur Verfasstheit moderner Gegenwartsgesellschaften reichten. Gegenüber diesen vielschichtigen und spannungsreichen Fiktionen über den Kosmos als Erfahrungs- und Möglichkeitsraum menschlicher Einbildungskraft und individueller Subjektkonstruktionen konnten die genannten Filme nur enttäuschen.

Und so blieb es Andrei Tarkowski überlassen, Jahre nach dem verlorenen Wettlauf zum Mond, als friedliche Koexistenz und interplanetare Kooperation im Weltraum ein neues Zeitalter der Stagnation und der Verwaltung des irdischen Elends eingeleitet hatten – die »langen 1970er Jahre« der späten Sowjetunion unter Leonid Breschnew –, das Genre neu zu beleben. Mit seiner Filmadaption von *Solaris* machte der Regisseur aus Lems literarischer Reflexion über die Beschränktheit und Unergründlichkeit menschlichen Denkens und Fühlens eine Parabel über die Irrwege der technisch-wissenschaftlichen Zivilisation, worin der planetarische Ozean den entfremdeten Menschen einen Weg zurück in den Schoß der irdischen Natur und in das heimatliche Haus des

Vaters weist.⁹ STALKER von 1979, Tarkowskis zweiter Science-Fiction-Film, radikalisiert gewissermaßen diesen zivilisationsskeptischen Abschied von der bemannten Raumfahrt und möglichen Begegnungen mit außerirdischen Intelligenzen, indem er aus dem Kurzroman der Brüder Arkadi und Boris Strugatzki, *Picknick na obotschine* (*Picknick am Wegesrand*; 1971), eine melancholische Allegorie und naturmystische »Trümmerlandschaft der Geschichte« macht, die, so Hartmut Böhme, »auf die Notwendigkeit transzendenter Erlösung verweist«.[10] Anstelle neuer Welten, außerirdischer Dinge, kosmischer Gäste oder allegorischer Wunschträume begegnen Tarkowkis drei Protagonisten sich nur noch selbst.

Bis auf einige Filme für Kinder wie MOSKWA – KASSIOPEJA (Start zur Kassiopeia; 1973) und OTROKI WO WSELENNOJ (Roboter im Sternbild Kassiopeia; 1974) in der Regie von Ritschard Wiktorow, kurzweilige Kinokomödien wie Giorgi Danelijas KIN-DSA-DSA! (1986), moralisch-heimatverbundene *first contact*-Melodramen wie Ritschard Wiktorows PER ASPERA AD ASTRA (russ. TSCHERES TERNII K SWJOSDOM; Drehbuch: Kir Bulytschow; 1980) sowie die, was das ausufernde Budget und die Drehzeit anbelangt, unübertroffene bundesrepublikanisch-sowjetische Koproduktion ES IST NICHT LEICHT, EIN GOTT ZU SEIN (1989; R: Peter Fleischmann), die als einer der schlechtesten Science-Fiction-Filme aller Zeiten in die Geschichte eingehen sollte,[11] hatte sich das Thema damit für das sowjetische Kino erledigt.[12] Erst in den letzten Jahren hat eine sich professionalisierende russische Kinoindustrie sich auch wieder Weltraumdramen gewidmet, und sowohl aufwändige Blockbuster (OBITAJEMYI OSTROW; Die bewohnte Insel; 2008, R: Fjodor Bondartschuk; nach dem gleichnamigen Roman von Arkadi und Boris Strugatzki) als auch anspruchsvolle Arthouse-Produktionen in der Nachfolge Tarkowskis (wie Alexei Germans posthum fertiggestellte Strugatski-Neuverfilmung TRUDNO BYT BOGOM (Es ist schwer, ein Gott zu sein; 2013) hervorgebracht.

Anmerkungen

1 Vgl. hierzu ausführlicher Matthias Schwartz: Die Erfindung des Kosmos. Zur sowjetischen Science Fiction und populärwissenschaftlichen Publizistik vom Sputnikflug bis zum Ende der Tauwetterzeit. Berlin 2003.
2 Zu allen weiteren Angaben zu dem Treffen vgl. Russisches Staatsarchiv der Literatur und Kunst (RGALI), Bestand Nr. 2453, Inventarliste 4, Einheit Nr. 73, Blatt 1–44 (Kinostudio Mosfilm, Chefredaktion, Stenogramm des Treffens des Hauptredaktionskollegs für Drehbücher mit Fantastik-Schriftstellern vom 2. Dezember 1964).
3 Georgij Gurevič: Karta strany fantazii. Moskau 1967, S. 11–12. Alle Übersetzungen ins Deutsche sind, falls nicht anders angegeben, vom Autor.
4 Aleksandr Beljaev: »Zvezda KĖC«. In: T.V. Bogolepova (Hg.): V mire fantastiki i priključenij. Povesti i rasskazy. Leningrad 1959, S. 375–528, hier S. 473.

5   Vgl. die entsprechenden Beiträge in: James T. Andrews / Asif A. Siddiqi (Hg.): Into the Cosmos. Space Exploration and Soviet Culture. Pittsburgh 2011; Monica Rüthers / Carmen Scheide / Julia Richers / Eva Maurer (Hg.): Soviet Space Culture. Cosmic Enthusiasm in Socialist Societies. New York 2011.
6   Siehe genauer hierzu: Matthias Schwartz: Expeditionen in andere Welten. Sowjetische Abenteuerliteratur und Science Fiction von der Oktoberrevolution bis zum Ende der Stalinzeit. Köln 2014, S. 168–181.
7   Boris Ljapunov: »Na ekrane – buduščee (Fantastika i realnost')«. In: Nauka i zizn' 12/1961, S. 55.
8   Vgl. zur Musik nicht nur in diesem Film Konstantin Kaminskij: »The Voices of the Cosmos. Electronic Synthesis of Special Sound Effects in Soviet vs. American Science Fiction Movies from Sputnik 1 to Apollo 8«. In: D. Zakharine / N. Meise (Hg.): Electrified Voices: Medial, Socio-Historical and Cultural Aspects of Voice Transfer. Göttingen 2013, S. 273–290.
9   Zur Verschiebung der Zeitvorstellungen in dieser Periode weg von der Zukunftshoffnung des kosmischen Aufbruchs hin zu einer eher rückwärtsgewandten, stehen gebliebenen Gegenwart vgl. Martin Sabrow: »Chronos als Fortschrittsheld: Zeitvorstellungen und Zeitverständnis im kommunistischen Zukunftsdiskurs«. In: Igor Polianski / Matthias Schwartz (Hg.): Die Spur des Sputnik. Kulturhistorische Expeditionen ins kosmische Zeitalter. Frankfurt/Main 2009, S. 117–134.
10 Vgl. Hartmut Böhme: Natur und Subjekt. Frankfurt/Main 1988, S. 334–379. Vgl. zur Genese des Films auch Evgenii Tsymbal / Muireann Maguire: »Tarkovsky and the Strugatskii brothers«. In: Science Fiction Film and Television, 8:2/2015, S. 255–277.
11 Vgl. Matthias Schwartz: »Observing the Imperial Gaze: On Peter Fleischmann's ES IST NICHT LEICHT, EIN GOTT ZU SEIN«. In: Science Fiction Film and Television 8:2/2015, S. 219–232.
12 Als Motiv tauchte die Raumfahrt hingegen im postsowjetischen Kino nun in Filmen wie Alexei Utschitels KOSMOS KAK PREDTSCHUSTWIE (Kosmos als Vorgefühl; 2005) oder BUMASHNYJ SOLDAT (Papiersoldat; 2008) von Alexei German Junior als symptomatisches Erinnerungsbild auf, das die Hoffnungen und das Scheitern des sowjetischen Gesellschaftsprojektes ausdrückte. Vgl. Cathleen S. Lewis: »From the Cradle to the Grave. Cosmonaut Nostalgia in Soviet and Post-Soviet Film«. In: Steven J. Dick (Hg.): Remembering the Space Age: Proceedings of the 50th Anniversary Conference. Washington 2008, S. 253–270.

Echte Menschen?
Über die Entstehung der Fernsehserie
ÄKTA MÄNNISKOR – REAL HUMANS

Von Harald Hamrell

Die Idee

Eine Science-Fiction-Serie in der Art von ÄKTA MÄNNISKOR – REAL HUMANS wurde in Schweden noch nie zuvor gemacht. Schweden ist ein Land des Erzählens – aber Science-Fiction braucht enorme ökonomische Ressourcen. An einem Film wie etwa TOMORROWLAND (A World Beyond; 2015; R: Brad Bird) sehen wir, welch großer Aufwand beim Production Design erforderlich ist. Entsprechend zurückhaltend waren sie beim schwedischen Fernsehen, als wir ihnen eine Serie über Roboter vorschlugen. Denn so etwas kann leicht schiefgehen.

Der Autor Lars Lundström hatte die Idee lange mit sich herumgetragen. Als er zu mir kam, hatte er schon einen Entwurf für die erste Staffel, die ersten zehn Stunden der Serie, verfasst. Ich war sofort begeistert von dem Vorschlag, Regie zu führen. Die Idee zu REAL HUMANS war einfach großartig. Allerdings fragten wir uns, wie wir sie würden umsetzen können. Lars war von vornherein klar, dass die Gesellschaft, die wir zeigen, so wie unsere aussehen sollte, aber es würde eben eine sein, in der Roboter ein alltäglicher Bestandteil sind. Es sollte kein fremdes Paralleluniversum werden, sondern eine Realität, in der jeder Mensch ganz selbstverständlich, ohne darüber nachzudenken, einen Roboter, einen *Hubot* besitzt – wie ein Auto, wenn auch ein relativ teures. Das Konzept war aus zwei Gründen genial. Zum einen fehlen dem kleinen Land Schweden die finanziellen Ressourcen, um Megaproduktionen à la Hollywood mit 200 Millionen Dollar Budget umzusetzen; wir können nur einen Bruchteil davon investieren. Und zum anderen kommt ein Setting, das sich äußerlich – mit Ausnahme der Roboter – überhaupt nicht von unserer heutigen Welt unterscheidet, uns näher; die Probleme, die aus der Koexistenz mit den Robotern entstehen, berühren uns direkt und gehen unter die Haut. Der Zuschauer nimmt die Geschichte nicht als fantastische Illusion wahr, sondern als etwas Mögliches und Reales und entwickelt so ein tieferes Verständnis für die Konflikte.

Für uns alle war es ein Traumprojekt. Die Grundidee war, dass jede Familie einen *Hubot* besitzt, einen Hausangestellten, der sich um alle möglichen Verrichtungen im Haushalt kümmert. Seien wir ehrlich, wer möchte nicht abends nach Hause kommen, und das Abendessen steht schon auf dem Tisch? Diese *Hubots* sind moderne Sklaven. Sie sind praktische Maschinen, wie ein Toaster. Und wenn ein Toaster kaputtgeht, ist das zwar ärgerlich, aber man macht sich keine Gedanken darüber, man schmeißt den Toaster einfach weg. Die interessante Frage ist nun, was passiert, wenn diese großartigen Maschinen nicht mehr wie ein Toaster, sondern wie wir aussehen? Wenn wir sie dann trotzdem noch wie einen Toaster behandeln, wird unsere Moral darunter leiden? Werden unsere Werte dadurch in Frage gestellt?

Konzept und Umsetzung

Erst einmal mussten wir die Redakteure überzeugen, dass es sich lohnen würde, Geld in das Projekt zu investieren. Sie verlangten von uns, dass wir zunächst einen Piloten produzieren sollten. Da ich schon viel inszeniert und Lars viel geschrieben hatte, waren wir etwas verstimmt, dass wir uns nun erst beweisen mussten. Allerdings sollten wir nur sieben Minuten produzieren, also keine komplette Folge. Das Fernsehen stellte eine Menge zur Verfügung, damit wir alles ausprobieren konnten, das Make-up, die Perücken, die Kostüme usw.

Perücken machten die *Hubots* auf den ersten Blick unterscheidbar von den *real humans*: Josephine Alhanko (Flash) in der Maske

Perücken für die *Hubots* zu benutzen war eine sehr gute Idee. Es machte ihre Darsteller auf den ersten Blick unterscheidbar von den »realen« Personen, den *real humans*. Ein weiteres Merkmal wurden die USB-Eingänge im Nacken der Figuren. Natürlich war uns klar, dass das in Hinblick auf eine Zukunft in 30 oder 40 Jahren, in der vermutlich niemand mehr USB-Kabel benutzt, etwas *old fashioned* wirkt. Aber es ist visuell sehr interessant, die *Hubots* anzustöpseln, um sie neu zu programmieren oder sie mit Strom aufzuladen.

Das Resultat, das wir produzierten, wirkte völlig überzeugend. Lars schrieb dann zwei komplette Folgen, die verantwortlichen Redakteure gaben ihr Okay, und wir konnten loslegen. Wir hatten das Budget für die erste Staffel zusammen. In Schweden muss man keine Angst haben, dass das schiefgehen kann. Niemand ist auf die Refinanzierung angewiesen. Wir gingen also kein Risiko ein bis auf den Umstand, dass es, sollte die erste Staffel scheitern, keine zweite geben würde. Wir haben eine zweite Staffel gemacht, nachdem die erste ein großer Erfolg war. Bei der zweiten funktionierte es dann aber nicht mehr. Das Publikum blieb weg.

Philosophie der Serie

Eine Sache, die uns beschäftigt hat, war das Mooresche Gesetz. Es besagt, dass sich die Anzahl der Transistoren pro Flächeneinheit im Computer alle 12 bis 24 Monate verdoppelt – eine der wichtigsten technologischen Voraussetzungen für die digitale Revolution. Mit immer schnelleren Schritten gehen wir dem Unendlichen entgegen, an diesem Punkt befinden wir uns jetzt. Worüber wir uns in der Serie Gedanken machen, das passiert also gerade in diesem Moment; wir sind bereits auf dem Weg dorthin. Wie werden wir in der Zukunft künstliche Intelligenz und Roboter in unsere Gesellschaften integrieren? Das ist die unmittelbare, oberflächlich sichtbare Fragestellung.

Eine mehr unter der Oberfläche der Geschichte angelegte Frage ist, wie gehen wir Menschen miteinander um? Denn die Welt der Menschen und Roboter, wie wir sie zeigen, kann man auch als Metapher für unsere heutige Gesellschaft lesen. Dann stehen die Roboter für das Fremde, und man wird mit der Frage konfrontiert, wie gehen wir mit Immigranten, mit uns fremd erscheinenden Menschen um, und sind damit bei einer der aktuell brennendsten Fragen in Europa. Eine andere wäre, wie wir mit Klassenunterschieden umgehen, oder sollten die gar keine Rolle mehr spielen? Agieren die Roboter mit uns auf Augenhöhe? Und wenn das so ist, wenn sie eben keine Toaster mehr sind, sondern Individuen, was hat das dann für Konsequenzen, muss man ihnen zum Beispiel Lohn zahlen?

Ein anderer Aspekt ist die mögliche Verknüpfung von Mensch und Maschine. In der zukünftigen Welt, die wir entwerfen, gibt es nicht nur Roboter, sondern auch die Möglichkeit, das Bewusstsein eines verstorbenen Menschen in seinen künstlichen Avatar zu transferieren, ihm quasi das ewige Leben zu verleihen. Das hätte auch Auswirkungen auf andere Wissenschaftsbereiche wie die Raumfahrt. Menschen – wenn sie nicht mehr an die physische Endlichkeit gebunden wären – hätten auf einmal die Möglichkeit, in die unendlichen Weiten des Alls aufzubrechen.

Auf visueller Ebene ließen wir uns von dem amerikanischen Fotografen Gregory Crewdson inspirieren. Zwar sollte die Welt in der Serie wie das heutige Schweden aussehen, aber natürlich wollten wir den Bildern trotzdem eine eigene Färbung geben. Sie sollten auch auf eine Art unheimlich sein wie etwa in einem Film von David Lynch. Diese Gedanken kamen uns in einem sehr frühen Stadium der Projektentwicklung. So ist das immer, wenn man einen Film oder eine Serie produziert; man hat nicht von vornherein eine klare Vision. Es ist ein langer, komplizierter Prozess, Ideen kommen und gehen, man diskutiert verschiedene Varianten und verwirft sie dann wieder.

Unterscheidung Mensch/Roboter – *uncanny valley*

Die *Hubots* laden sich über ein eingebautes und ausziehbares Stromkabel jederzeit selber auf. Um sie von den »echten« Menschen unterscheidbar zu machen, arbeiteten wir auch mit der Farbgebung. Wir entschieden, dass Blau stark mit den *Hubots* assoziiert sein sollte. Da wir bei der Serie eine Vielzahl von Personen und Locations hatten, war es wichtig, sie über das verwendete Farbschema, die individuelle Art und den Look unterscheidbar und schnell wieder erkennbar zu machen. Bei der Gestaltung der *Hubots* wollten wir uns auch das Phänomen des *uncanny valley* zunutze machen: Bei Untersuchungen in Japan in den 1970er Jahren haben Robotikforscher festgestellt, dass die Akzeptanz nonverbalen Verhaltens von simulierten Wesen stark von der Menschenähnlichkeit abhängt. Zunächst steigt die Akzeptanz, je menschenähnlicher eine Maschine oder ein virtueller Avatar wird. Dann allerdings, im Übergangsbereich zu vollständiger Menschenähnlichkeit, bricht die Kurve dramatisch ein und schnellt erst wieder empor, wenn ein Wesen quasi zu 100 Prozent menschliche Züge hat. Dieses steile, tiefe Tal in der Kurve wird als *uncanny valley* bezeichnet. Im Bereich der schon sehr menschenähnlichen Anmutung wird ein Wesen als extrem unheimlich wahrgenommen. Ein Beispiel für die hohe Akzeptanz und große Sympathie für ein im Verhalten menschenähnliches, aber im Aussehen noch sehr abstraktes Wesen ist der Roboter aus WALL-E (2008; R: Andrew

Echte Menschen?

Stanton). Er wird als äußerst niedlich wahrgenommen. Anders verhält es sich bei dem Film THE POLAR EXPRESS (Der Polarexpress; 2004; R: Robert Zemeckis), dort sehen die Wesen unheimlich und abschreckend aus. Da funktioniert es nicht, wir befinden uns im *uncanny valley*. Ein weiteres schönes Beispiel finde ich in der virtuellen Stewardess im Sicherheitsvideo von Air Berlin, die mich erschreckt und auf mich unheimlich wirkt.

In Japan arbeitet man derzeit daran, Roboter in der Altenpflege einzusetzen und sie immer menschenähnlicher zu gestalten. Die Menschen werden also in absehbarer Zeit mit diesem Phänomen konfrontiert sein oder sind es schon. In der Serie haben wir damit sehr gezielt und wohlproportioniert gearbeitet. Zum Beispiel gibt es eine Szene in der Stockholmer U-Bahn, in der ein Kind einen *Hubot* beobachtet, der plötzlich seinen Kopf in den Nacken wirft und dabei seinen Mund unnatürlich weit aufreißt. Wir sind im *uncanny valley*; auf den Zuschauer wirkt das verstörend und schockierend. Aber, wie gesagt, unsere Ressourcen waren knapp, und so konnten wir diese Special Effects à la Hollywood nur sehr punktuell einsetzen. Das machten wir wie zum Beispiel beim ersten ALIEN-Film (1979; R: Ridley Scott), wo das Team auch nicht so viel Geld hatte und sich bei der Darstellung des fremden Wesens sehr beschränken musste – daraus wurde ein Klassiker der Filmgeschichte. *Small is beautiful* – man sollte

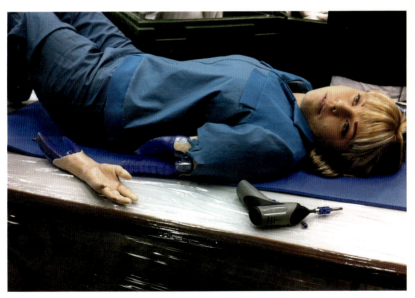

Für ausgemusterte Hubots wurden auch Menschen, denen ein Arm oder ein Bein fehlte, gecastet

großen technischen Aufwand immer so minimal wie möglich einsetzen, denn dann wirken diese Momente sehr gut, überzeugend und effektvoll.

Farbschema und Maskenbild

Nun komme ich zum Farbschema. Wir gaben den *Hubots* nicht nur blaue Kleidung und versuchten bei den Figuren viel mit dieser Farbe zu assoziieren, wir gaben ihnen auch blaues Blut. Nicht als Anspielung auf adelige Herkunft – natürlich nicht –, sondern weil man sie dadurch wiederum von den Menschen unterscheidbar machte und sie trotz ihrer Menschenähnlichkeit fremder wirken ließ. Gelegentlich öffnen wir im Verlauf der Handlung *Hubots*, und wenn man in ihr Inneres schaut, ist der Unterschied zum Menschen sehr stark und offensichtlich. Noch ein Gestaltungsmittel, sie »anders« aussehen zu lassen, waren ihre Augen. Die Darsteller trugen alle farbige Kontaktlinsen. Ein besonderer Fall, eine Figur, die Mensch und *Hubot* verbindet, ist Davids Sohn, der als Kind starb, dann aber in seinem menschlichen Körper, mit einem künstlichen Gehirn ausgestattet, wieder zum Leben erweckt wurde und in der Serie eine Mischung aus Mensch und *Hubot* darstellt. Die beiden hauptverantwortlichen

Neben der Blautönung, den Perücken und den Kontaktlinsen war die Haut ein weiterer Faktor, der die *Hubots* von den Menschen unterschied. Johannes Kuhnke (Rick) und Leif Andrée (Roger) am Set

Maskenbildner Love Larson und Eva von Bahr wurden für ihre Arbeit an dem Film HUNDRAÅRINGEN SOM KLEV UT GENOM FÖNSTRET OCH FÖRSVANN (Der Hundertjährige, der aus dem Fenster stieg und verschwand; 2013; R: Felix Herngren) für den Oscar nominiert. Sie gestalteten auch das Innere der *Hubot*-Köpfe, sodass wir die Schädel öffnen und hineinschauen konnten. Für einige Rollen, die defekte, »ausgemusterte« *Hubots* darstellen sollten, casteten wir auch Menschen, denen beispielsweise ein Arm oder ein Bein fehlte. Unsere Maskenbildner fügten dann die entsprechenden defekten, »zerstörten« Gliedmaßen hinzu. Sie haben das fantastisch gemacht. Wie ich schon erwähnte, hatten wir keine Gadgets wie etwa die fliegenden Autos in THE FIFTH ELEMENT (Das fünfte Element; 1997; R: Luc Besson) in unserer Serie. Das hätte unser Budget gesprengt. Trotzdem hatten wir uns für die Welt der *Hubots* spezielle Orte ausgedacht, die einigen Ausstattungsaufwand verlangten. Es sollte eine Recycling-Station geben, wo die defekten *Hubots* abgegeben werden können. Auch sie sollte in der Hauptfarbe Blau gehalten sein, und so sahen sich unsere Requisiteure um, was für blaue Ausstattungsstücke wir zur Verfügung hatten, Stühle oder Rollwagen etwa, in die man die ausgemusterten Roboter legen konnte. Bevor wir das Äußere der *Hubots* kreierten, dachten wir darüber nach, dass die meisten technischen Innovationen vom Militär und der Sex-Industrie kommen. So kamen wir darauf, dass die Haut der *Hubots* besonders weich und glatt sein sollte, makellos. Schauspieler, also Menschen wie du und ich, haben allerdings in den seltensten Fällen so eine perfekte Haut. Die Maskenbildner entschieden sich, mit der Airbrush-Technik zu arbeiten, der die Gesichter aller *Hubot*-Darsteller in der Maske unterzogen wurden. Die Wirkung war sehr überzeugend, das Maskenbild bekam so einen sehr edlen und teuren Touch. Neben der Blautönung, den Perücken, den leicht mechanischen Bewegungen und den Kontaktlinsen war die Haut ein weiterer Faktor, der die *Hubots* klar von den echten Menschen unterschied.

Szenenbild

Dass die Fotografien des Amerikaners Gregory Crewdson eine wichtige Inspiration für den Look der Serie waren, erwähnte ich schon. Wir bauten viele Sets im Studio und versuchten durch Farbgebung und Lichtsetzung den Räumen, die ansonsten vollkommen unserer heutigen Umgebung entsprachen, einen aufwändigen und irgendwie auch unheimlichen Look zu verleihen. Zusätzlich brauchten wir eine Menge Locations für die Außendrehs. Das zu finden, was wir für unsere Serie benötigten, war im heutigen Stockholm ein echtes Problem. Alles dort ist neu, schön und viel zu glatt, alles sieht aus wie in TOMOR-

ROWLAND. Wir suchten für einige Orte aber eher den Look von New York in den 1980ern. Es sollte rau, schmutzig und bedrohlich wirken. Wir fanden zum Beispiel eine tolle Location unter einer Brücke oder machten für den *Red Light District* die Straße nass, in der wir drehten. Ebenso schwierig war es, für den *Hubot*-Erfinder David ein passendes Haus zu finden. Wir entdeckten es schließlich außerhalb von Stockholm auf einer Insel. Wir benutzten außerdem einen Bahnhof, dessen Halle wir mit einfachen Mitteln in eine sehr effektive Location verwandelten. Teile des Bodens bedeckten wir mit Wasser und beleuchteten ihn direkt von oben, aus der Decke der Halle. Hier findet die Szene statt, in der eine der weiblichen *Hubots* verbrennt. Mit dem Licht von oben und der Spiegelung in der Wasserlache gelang uns mit einfachen Mitteln ein sehr beeindruckendes Bild.

Ich habe schon vom behutsamen punktuellen Einsatz aufwändiger digitaler Bilder gesprochen, die einigen Szenen diesen *uncanny valley*-Touch geben sollten. Nicht alles, was wir ausprobiert haben, funktionierte auch. So war eine Idee, dass die *Hubots* beim Aufladen, wie ein Apple-Computer unter der Membran, unter ihrer Haut bläulich leuchten sollten. Mehrere implantierte Leuchtdioden sollten rhythmisch aufscheinen. Das erwies sich als nicht effektiv und zudem sehr teuer in der Herstellung, deshalb ließen wir es fallen.

Casting

Die echten Menschen sollten auch echt aussehen – keine schönen Schauspielstars, an denen alles perfekt ist. Eher durchschnittlich, »normal« sollten sie sein, wenn auch natürlich ausgestattet mit ihrem individuellen Charakter, ihrer eigenen Seele. Für die *Hubots* wiederum fanden wir zum Beispiel Lisette Pagler, die die »Mimi« (»Anita«), eine der zentralen Figuren, spielte. Als Tänzerin brachte sie die Fähigkeit mit, ihren Körper perfekt zu beherrschen. Sie kann jede ihrer Bewegungen kontrollieren und auch isolierte Aktionen verschiedener Körperteile ausführen. Das war wichtig, denn die *Hubots* bewegen sich eben nicht völlig wie Menschen, sondern agieren sehr kontrolliert. Jeder ihrer Darsteller musste deshalb Pantomimestunden nehmen, um Körperbeherrschung zu lernen. Und dann stellte sich die Frage, wie groß der Unterschied sein sollte zwischen den menschlichen Bewegungen und denen der *Hubots*, denn wir wollten ja auch sonst nur eine ganz geringe, minimale Differenz. Es sollte sehr subtil sein, denn im Verlauf der Handlung sollten sich Menschen in *Hubots* verlieben können. Und man verliebt sich nicht in einen Toaster. Also wollten wir die *Hubots* den Menschen so ähnlich wie möglich machen; gleichzeitig sollte der Unterschied doch erkennbar bleiben und gelegentlich auch ein bisschen unheimlich wirken. Auf jeden Fall entschieden wir, dass alle oder fast alle Perücken tragen sollten. Das lässt sie ein bisschen wie Lego-Figuren aussehen. Und beim Casting haben wir darauf geachtet, dass die Schauspieler vielleicht nicht wie Fotomodelle, aber doch ziemlich gut aussehen.

Regie und Inszenierung

Als Regisseur musste ich mir überlegen, wie inszeniere ich einen humanoiden Roboter? Dazu muss man wissen, dass ich selber auch als Schauspieler arbeite und außerdem an schwedischen Theaterschulen Schauspiel unterrichtet habe. Ich entwickele meinen Inszenierungsstil also weniger theoretisch als vielmehr aus der eigenen Erfahrung des Spielens heraus. Zunächst frage ich, was macht den echten Menschen eigentlich so einzigartig in der Art, wie er agiert und handelt? Als zwei wirklich herausragende Filmschauspieler fielen mir zum Beispiel Meryl Streep und Robert De Niro ein: Wenn sie vor der Kamera agieren, was macht den Zauber aus, warum leuchten sie? Ich habe viel mit dem berühmten schwedischen Regisseur Bo Widerberg gearbeitet, sowohl als Regieassistent wie als Schauspieler, und er hat immer betont, dass man die Möglichkeit haben sollte, ins Gehirn des Schauspielers zu blicken, zu spüren, was er denkt. Was ich sagen will: Wenn man einen *Hubot* überzeugend darstellen möchte, muss man einiges, was einen normalerweise zu einem guten Schauspieler macht und zu einer überzeugenden Darstellung einer Figur beiträgt, vergessen. Interagiert man in seiner Rolle mit anderen Figuren in einer Szene, würde man als »echter« Mensch auf sie reagieren, also zum Beispiel nicken. In der Rolle eines *Hubots* muss man es anders machen. Lisette Pagler, die die Mimi/Anita verkörpert, habe ich zum Beispiel gebeten, nicht in die Augen ihres Gesprächspartners zu schauen, wie man es normalerweise beim Kommunizieren tut, sondern zwischen die Augen zu blicken. Dadurch entsteht eine seltsame, befremdliche Gesprächssituation, so als ob man für den anderen nicht wirklich da wäre. Auf diese Art konnten wir mit wenig Aufwand einen weiteren Unterschied zwischen *Hubots* und echten Menschen etablieren. Ein anderes Beispiel ist, dass *Hubots* niemals stottern; ihre Programmierung lässt das nicht zu. Erinnert sei auch an den Kind-Roboter in A.I. ARTIFICIAL INTELLIGENCE (A.I. – Künstliche Intelligenz; 2001) von Steven Spielberg, der nicht blinzelt. Man würde denken, das ist ein schlechter Programmierer, der einen Roboter, der von der Familie wie ein eigenes Kind aufgenommen werden soll, nicht blinzeln lässt. Ich vermute, Spielberg hat das so gemacht, damit es fremd und unheimlich wirkt. Wir Menschen tun permanent Dinge, die wir nicht bewusst kontrollieren. Wir bewegen unsere Hände, unseren Kopf, verändern

Harald Hamrell

Harald Hamrell (2. v.l.) am Set mit der Schauspielerin Lisette Pagler, die den Hubot Mimi bzw. Anita spielt

unsere Sitzhaltung. Das ist menschlich, passiert spontan und macht vielleicht 80 Prozent unserer zwischenmenschlichen Kommunikation aus. Ein *Hubot* macht all diese Dinge nicht.

Wenn Schauspieler zum Vorsprechen oder zu Probeaufnahmen kommen, sind sie normalerweise ziemlich nervös. Um das zu überspielen, sprechen sie ihren Text unter Umständen besonders perfekt und glatt. Aber es wirkt dann oft zu perfekt; durch die hohe Anspannung vergessen sie zu reagieren und zu hören, was in ihrem Inneren passiert. Es ist perfekt, aber es ist zu steif. Ein guter Filmschauspieler, der einen Menschen darstellt, sollte in der Lage sein, das Innenleben der Figur sichtbar zu machen. Unser Gesicht hat mehr Muskeln als jeder andere Körperteil, und wir registrieren permanent auch die kleinsten Bewegungen und die Mimik unserer Mitmenschen, das ist elementar für unsere Kommunikation. Ein *Hubot* kann das nicht, und er kann auch nicht auf die subtilen Signale seines Gegenübers reagieren. Auf den Punkt gebracht, der Darsteller eines *Hubot* sollte sich kratzen, wenn es nicht juckt, und sich nicht kratzen, wenn es juckt. Als Darsteller eines echten Menschen sollte man auf sein Innenleben hören – als Darsteller eines *Hubot* sollte man vergessen, dass man ein Innenleben hat, und sein Äußeres unter Kontrolle haben.

Allerdings hatte ich ein Erlebnis bei einer Probe mit zwei Schauspielern, das zeigte, dass es so einfach auch wieder nicht ist. Die Szene war hervorragend geschrieben, und beide haben alles exakt so dargestellt, wie sie es als *Hubots* machen sollten, aber es war eine der schlechtesten Darstellungen, die ich jemals gesehen habe. Was war passiert? Jede Szene hat einen dramaturgischen Bogen und ein auf die Spannungsdramaturgie hin konzipiertes Ende, einen immanenten Konflikt. Um diese immanente Spannung zu erreichen, müssen allerdings auch zwei *Hubot*-Darsteller – konträr zu dem, was ich zuvor gesagt habe – wie zwei Menschen miteinander agieren. Also mussten wir bei den Proben zunächst diesen emotionalen Gehalt der Szene herausarbeiten, um dann während des Drehs wieder etwas davon zurückzunehmen und eine dünne Schicht *Hubot* hinzuzufügen. Sonst wären diese Szenen tot gewesen.

Lars Lundström pflegt beim Erzählen auf subtile Art Fragen zu stellen und konstruiert offene Enden zu seinen Geschichten. Wir wollten eben nicht behaupten, genau so wird die Zukunft aussehen, das wird das Ende der Welt sein. Bei der ersten Staffel unserer Serie hatten wir großen Erfolg damit.

Die ersten zehn Folgen liefen sehr erfolgreich, die nächsten zehn allerdings scheiterten bei den Zuschauern in Schweden. Deshalb wird es wohl keine dritte Staffel geben. Wie so oft bei erfolgreichen europäischen Serien wurde in den USA für Channel 4 und AMC eine englische Version von ÄKTA MÄNNISKOR produziert. Auch hier war die erste Staffel so erfolgreich, dass gerade eine zweite gedreht wird. Und wer weiß, vielleicht läuft die erfolgreicher als unsere zweite Staffel, und dann werden eventuell die Amerikaner eine dritte produzieren.

Erlauben Sie mir einen abschließenden Gedanken. Was treibt uns Menschen an? Gemeinhin ist das die Liebe, wie es als probates Beispiel dafür Christopher Nolans Science-Fiction-Film INTERSTELLAR (2014) zeigt (vgl. dazu den Beitrag von Josef Früchtl in diesem Band). Auch die *Hubots* stellen sich im Prozess der Befreiung vom Menschen die Frage: Wer sind wir? Diese Frage beschäftigt uns Menschen immer wieder. Wer oder was würden wir zum Beispiel sein, wenn wir unser Bewusstsein in einen künstlichen Avatar verpflanzen könnten und damit der Traum des ewigen Lebens wahr würde, so wie wir es in REAL HUMANS zeigen? Ich persönlich fände es herrlich, noch mindestens 500 Jahre zu leben. Wie viele Bücher könnte man lesen, wie viele Fernsehserien könnte man sehen! Allerdings gibt es einen Haken bei der Sache: Man stelle sich vor, man würde auf ewig gefoltert, das wäre dann die Hölle.

Originalvortrag; transkribiert und redigiert von Nils Warnecke und Gerlinde Waz

Was ist Afrofuturismus?

Eine Reise in die Kunst und den Film

Von Ytasha L. Womack

Welches Wort wäre in der Lage, den ägyptisch angehauchten Weltall-Mythos des Jazzpioniers Sun Ra zu benennen? Gibt es eine Kunstform, die die Zeitumkehrungen der Quantenphysik ansprechen und sie zugleich mit den Funk-Rätseln von George Clintons Bands Parliament und Funkadelic oder den digitalen Träumereien der Sängerin Erykah Badu vereinen kann? Kann irgendein Begriff die Inspiration einfangen, die Uhura aus der Weltraumserie STAR TREK (1966 ff.) oder die schillernde Persönlichkeit einer Grace Jones auf die erste afroamerikanische Astronautin ausgeübt haben? Gibt es eine Ästhetik, die das wissenschaftliche und futuristische Denken früherer Stimmen vom afrikanischen Kontinent und aus der Diaspora mit den zukünftigen Bestrebungen der Menschen afrikanischer Herkunft verbindet? Was spricht die Science-Fiction-Autorin Octavia E. Butler an, wenn sie immer wieder davon erzählt, wie von ihren Protagonisten – seien es Schwarze, Gestaltwechsler oder Außerirdische – nach Heilung gesucht wird, weil sie Opfer ungeheuerlicher Grausamkeiten geworden sind? Gibt es einen epistemologischen Ansatz, der imstande ist, der Geschichte von Menschen afrikanischer Herkunft Geltung zu verschaffen, ihnen in Erzählungen des Hier und Jetzt und des Morgen unmittelbar einen Ort zuzuweisen?

Sun Ra, das mythische Jazzgenie, erzählte Geschichten, wie ihn Außerirdische entführt hätten, und spiegelte darin die Bekehrungserlebnisse wiedergeborener Prediger. Er glaubte, er sei vom Saturn auf die Erde gelangt, um die Welt durch Musik zu heilen. Der Name Ra steht für die Kraft der gleichnamigen ägyptischen Gottheit. »It's after the end of the world, don't you know that yet?«, fragte Sun Ra in einer Liedzeile.

Am Anfang und am Ende steht immer der Afrofuturismus

Afrofuturismus, das ist der Blick auf die Zukunft oder alternative Wirklichkeiten durch die Brille der Schwarzen. Es ist eine Ästhetik und eine Epistemologie, ein Blick auf das vergangene und gegenwärtige Pantheon schwarzer Kulturen, ein Ritt quer durch die Zeiten auf der Woge von Erinnerung und Technik, um bekannte und unbekannte Welten zu verbinden. Afrofuturismus ist eine Schnittstelle von Fantasietätigkeit, Befreiung, Technik und Mystik.

Die Schönheit des Afrofuturismus liegt in seiner Betonung der Widerstandskraft und des visionären Sehens, darin, wie er Zukunft und Vergangenheit für sich reklamiert in einer Welt, die Menschen afrikanischer Herkunft und ihren Ort darin oft ignoriert hat. Der Afrofuturismus bekräftigt, dass Schwarze ihre eigene Zukunft beeinflussen, dass sie sich die Zukunft vorstellen können.

Die naheliegende Frage lautet: Warum auch sollte jemand mit afrikanischen Wurzeln sich selbst nicht in der Zukunft vorstellen? Wäre es nicht besser zu fragen, warum sich die Science-Fiction bisher nicht mit Zukunftsentwürfen beschäftigt hat, in denen

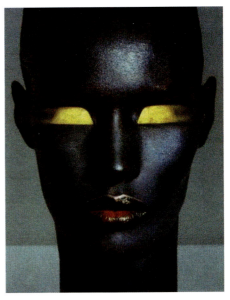

Grace Jones

Schwarze vorkommen oder eine Stimme haben? Tatsächlich haben Schauspieler wie die Filmindustrie dieses Versäumnis mit der Behauptung verteidigt, überall auf der Welt würden Schwarze Science-Fiction nicht mögen.

Aber auch wenn die Unterhaltungsindustrie und die Medien seit dem Erscheinen des ersten großen Blockbusters BIRTH OF A NATION (Die Geburt einer Nation; 1915; R: D.W. Griffith) und den darin etablierten Klischees über Schwarze oft das Gegenteil zu beweisen schienen, ist niemand ein Torwächter zum Reich der Fantasie.

Bilder von der Zukunft zu entwerfen kann ein revolutionärer Akt sein. Sich ein Leben vorzustellen, das die Grenzen der eigenen Umstände sprengt, ist, wenn man unter handfesten Beschränkungen aufgewachsen ist, eine Herausforderung. Von Freiheit zu träumen, wenn man versklavt ist, oder von einer Welt ohne Gewalt, wenn man zu einer bedrohten Gemeinschaft gehört, das scheint gegen jede Vernunft zu verstoßen. Sich selbst als einen unbezwingbaren Helden vorzustellen, wenn in der Bandbreite der angebotenen Charaktere niemand einem entspricht, kann ein Akt der Auflehnung sein. Die Fantasie ist oft eine wesentliche Stütze der Veränderung, der Keim des Wandels. Daher nehmen Afrofuturisten in allen Kunstformen und Untersuchungsfeldern sowohl reale als auch virtuelle Räume für sich in Anspruch.

In meinem Buch *Afrofuturism* beschreibe ich die Welt der schwarzen Science-Fiction und Fantastik als Einfallstor für alle, die sich den Ideen der schwarzen Kul-

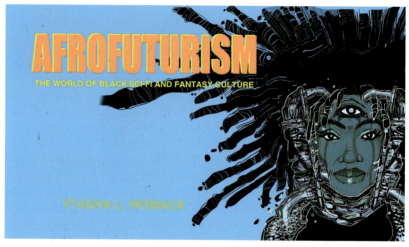

Ytasha Womack: Afrofuturismus – Tradition trifft Futurismus

tur, der Science-Fiction und der Fantasie verbunden fühlen, ohne dafür eine Sprache zu haben. Viele Liebhaber von Science-Fiction wussten nichts über die Menge von afrofuturistischen Kunstwerken und Ideen, die im Laufe der Geschichte durchgesickert sind. Der neu erfundene Ausdruck »Afrofuturismus« lieferte einen Rahmen für das Spektrum von Disziplinen und Methoden, die Zukunftsdenken und Kultur zueinander in Beziehung gesetzt haben. Viele Leute wussten nicht, dass die Ikone der Bürgerrechtsbewegung, Martin Luther King, Science-Fiction liebte oder dass der politische Philosoph W.E.B. Du Bois Science-Fiction und fantastische Geschichten verfasst hat. Viele wussten nicht, dass die Dogon in Mali einen Ursprungsmythos haben, der auf einen fernen Stern verweist, oder dass eine Fülle von Jazz- und Hip-Hop-Künstlern glaubt, Musik könne Zeitreisen ermöglichen. Manche wussten von der Beziehung zwischen Musik und Science-Fiction, hatten aber keine Ahnung vom *Black Age of Comics*, das von Turtel Onli in Chicago geprägt worden ist, und überhaupt von der unabhängigen Szene schwarzer Comic-Künstler. Die Szene war völlig zersplittert, und daher hoffte ich, mit meiner Arbeit ein Netz von Beziehungen und Einsichten herstellen zu können.

Das Buch ist jedoch auch eine Ode an all diejenigen, die sich allein und isoliert gefühlt haben, an diejenigen, die mit ihren Überlegungen zur Zukunft nirgendwo ein Zuhause fanden. Für sie alle habe ich *Afrofuturism* geschrieben, um sie daran zu erinnern, dass sie nicht allein auf weiter Flur sind.

Eine andere Welt

Afrofuturismus, das ist nicht bloß »schwarze Science-Fiction«. Er weicht in mehrerlei Hinsicht stark von der etablierten westlichen Science-Fiction ab. Ganz offensichtlich unterscheidet er sich dadurch, dass im Mittelpunkt schwarze Kulturen und Charaktere stehen. Die Einzigartigkeit des afrofuturistischen Projekts erschöpft sich indes nicht darin, Figuren mit anderen physischen Merkmalen zu präsentieren. Zum einen durchläuft die Zeit in vielen afrofuturistischen Werken Bögen und Schleifen. Zukunft, Vergangenheit und Gegenwart wirken im Afrofuturismus häufig wie sich überlappende Dimensionen. Man werfe nur einen Blick auf die Kunst des Comiczeichners Professor John Jennings, zum Beispiel auf seine Gestaltung des Umschlags zu meinem Buch. Das Bild zeigt eine Frau mit einem dritten Auge. Ihre Locken sind mit einem Kopfschmuck verwoben, der an traditionelle westafrikanische Masken ebenso erinnert wie an futuristische Cyborgs. Das Aufeinanderprallen zweier, wie es scheint, dissonanter Zeiten vermittelt den Eindruck von Zeitlosigkeit. Die Frau erinnert vage an Nichelle Nichols, die Darstellerin der Uhura in STAR TREK, doch hier spannt sie die Zeiten zusammen. Dieselbe Vorstellung des Unendlichen findet sich in Kerry James Marshalls Bild *Keeping the Culture*. Ursprünglich war das Werk als Ausstellungsplakat für das African Festival of the Arts in Chicago gedacht. Auf dem Bild sieht man eine Kleinfamilie – Vater, Mutter, Tochter und Sohn –, die auf einer Raumstation lebt. Die Eltern tragen traditionelle westafrikanische Kleidung, den Vater ziert ein üppiger Haarschopf, die Mutter ein Kopfputz. Das Zimmer ist mit Himmelsornamenten im Stil der Yoruba und der Dogon geschmückt. Die beiden Kinder betrachten ein Hologramm der Erde. Wenn sie aus dem Fenster schauen, sehen sie die Milchstraße. Das ist eines der wenigen Bilder einer Familie afrikanischen Ursprungs im All. Das Kunstwerk strahlt Optimismus aus, da es die Werte der Vorfahren mit der Dynamik einer modernen Familie verbindet und sie in die Zukunft und den Weltraum stellt. Dieses Muster der Zeitlosigkeit zieht sich wie ein roter Faden durch afrofuturistische Musik, Kunst und Filme. In ihren Büchern über schwarzen Quantenfuturismus fängt die Theoretikerin Rasheedah Phillips dieses Element vorzüglich ein. Die Gründerin der Vereinigung *Afrofuturist Affair* verschmilzt Theoreme der Quantenphysik mit traditionellen afrikanischen Zeitvorstellungen, um Menschen zu befähigen, sich selbst zu ändern. Sie treibt diese Vorstellung weit über den Bereich der Kunst hinaus und sucht nach Wegen, wie sich ein neues Zeitverständnis als Heilmittel und Inspirationsquelle benutzen lässt.

Von der herkömmlichen westlichen Science-Fiction unterscheidet sich der Afrofuturismus auch dadurch, dass er die weiblichen Aspekte des Menschseins wertschätzt. Im Afrofuturismus steht die Energie der Göttinnen in hohem Ansehen, und überall finden sich Anspielungen auf die Orishas, die Gottheiten der Yoruba, und ägyptische Göttinnen. Intuition wird im Afrofuturismus als eine wertvolle Quelle des Wissens und der Inspiration anerkannt; nichtlineares Denken wird hochgeschätzt und mit Achtung vor der Natur verbunden. In dieser Wertschätzung der Intuition schafft er epistemologisch ein Gegengewicht zur Logik.

Viele afrofuturistische Künstler sind Frauen. Vielleicht deshalb, weil der Reiz des Afrofuturismus für sie in seiner hohen integrativen Kraft liegt. »Gott ist weiblich«, erklärt Floyd Webb, Afrofuturist und Mitveranstalter des Filmfestivals *Black Future*. Der Afrofuturismus feiert die Kraft der Weiblichkeit und stellt das Gleichgewicht zwischen den Geschlechtern wieder her.

Technik und Wissenschaft sind für den Afrofuturismus die Kehrseite der Mystik. Für das Genre ist es ganz natürlich, Logik und Spirituelles zu mischen. Verweise auf Spiritualität und Glauben, besonders auf einen, der sich aus afrikanischen und aus afrikastämmigen Religionen speist (Candomblé, Santeria), sind häufig anzutreffen. Alles ist mit allem innig verwoben. Die religiösen Überzeugungen von Afrofuturisten decken zwar eine ganze Bandbreite vom Agnostizismus über die Neugeist-Bewegung bis hin zum Sufismus ab, sie alle aber verbindet oft der Glaube an eine größere allgemeine Wahrheit, die uns leitet und verbindet. Sun Ra war berühmt für seinen geheimen Vorrat an Weisheitsliteratur. In der Musik von Alice Coltrane ist die spirituelle Inspiration ebenfalls unüberhörbar. Schon als Kind spielte sie in ihrer Baptistengemeinde Klavier, in ihrer Ehe und in der musikalischen Zusammenarbeit mit der Legende John Coltrane war sie auf der Suche nach Weisheit. Nach seinem Tod versenkte sie sich in Indien in die östliche Mystik und gründete 1976 in Kalifornien das *Vedantic Center*. Ihre Musik und vor allem ihr meisterliches Harfenspiel zeugen von dieser Inspirationsquelle.

Auch Octavia E. Butlers Romane *The Parable of the Sower* (*Die Parabel vom Sämann*; 1993) und *The Parable of the Talents* (1998) haben einen spirituellen Hintergrund. In ihnen ist die Rede von der Erschaffung einer Religion, »Earthseed«, deren Grundgedanke darin besteht, dass Gott Veränderung ist. Die Protagonistin Olamina lebt als Tochter eines Baptistenpredigers in den USA. Die Nation zerfällt, und nach einem Angriff gelingt Olamina die Flucht. Sie versucht Gemeinden zu gründen und schreibt als spirituelle Grundlage für die neue Gemeinschaft »Earthseed: Das Buch der Lebenden«.

Der größte Unterschied zwischen der Ästhetik des Afrofuturismus und der herkömmlichen westlichen Science-Fiction ist jedoch seine Erkenntnis, dass »Rasse« nur ein Kunstgriff ist, ein Mittel, etwas kulturell herzustellen. »Rasse« ist eigentlich eine Erfindung. Die Vorstellung vom Schwarz- oder Weißsein und die damit einhergehende ungleiche Machtverteilung hat vor dem transatlantischen Sklavenhandel, also vor etwa 500 Jahren, nicht existiert. »Rasse«, so wie wir sie kennen, wurde erfunden, um den Menschenhandel über den Atlantik zu rechtfertigen und per Gesetz und Gewalt zu etablieren. Auch wenn die Gesetze geändert wurden und viele tapfer dafür gekämpft haben, dass Menschen unabhängig von ihrer Hautfarbe Zugang zu den lebensnotwendigen Ressourcen haben und dieselben Rechte genießen: In der Annahme, etwas so Zufälliges wie die Hautfarbe markiere einen tiefgreifenden Unterschied, werden in unserer Welt Menschen immer noch nach dem Zerrbild der »Rasse« kategorisiert. Der Afrofuturismus trägt dazu bei, dass die Menschheit sich als etwas Einheitliches betrachtet. Er heilt uns von der Wahrnehmung des Unterschieds und hält der Menschheit den Spiegel vor, damit sie sich selbst wiederfindet.

Die afrofuturistische Pyramide

Sun Ra, George Clinton und Octavia Butler werden oft als die herausragenden Verfechter des Afrofuturismus verehrt. Sun Ra hat in dem Wunsch, die Menschheit zu heilen, Mystik und musikalische Träumereien verbunden. Clinton hat neue musikalische Klänge eingeführt, die eine Zukunft entworfen und Wirklichkeiten verkehrt haben. Butler gibt in ihren Romanen den weiblichen Figuren die Aufgabe, die Folgen des Chaos durch die Schaffung neuer Welten zu überwinden. Die drei sind freilich nicht die einzigen Gesichter des Afrofuturismus. Seine Ästhetik bildet ein Dach, unter dem sich Künstler wie Theoretiker versammeln können, die allesamt danach streben, sich selbst jenseits der ihnen aufgezwungenen Identität zu bestimmen und auszudrücken.

Der Begriff *Afrofuturismus* ist in den frühen 1990er Jahren vom Technoculture-Theoretiker Mark Dery geprägt worden. Autoren wie Greg Tate, Kodwo Eshun und Mark Singer waren damals die führenden Köpfe, die sich mit den Beziehungen zwischen Technik, Kunst und schwarzer Kultur auseinandergesetzt haben. Gemeinsam mit Dery betrachteten sie »Rasse« als eine Technik und zogen in ihren Texten Parallelen zwischen dem transatlantischen Sklavenhandel und der Entführung durch Außerirdische. Sie beschäftigten sich mit Zukunftsvisionen als Mittel des Widerstands und versuchten die neuen Kunstformen und die Technikbesessenheit, die in den städtischen Zentren der Schwarzen aufkeimten, in einen Kontext zu stellen. Die Schriften der 1990er Jahre widmeten sich dem Hip-Hop, dem Trip-Hop in Großbritannien, der Chicagoer House Music und dem Detroiter Techno, in denen sie den Klang der Zukunft ausmachten. Später sprach Eshun von »Musik der Außerirdischen«. In den 1990er Jahren rief die Soziologin Professor Alondra Nelson die Plattform für Afrofuturismus ins Leben, als Anlaufstelle für alle, die mit seinen Ideen spielten. Hier konnten sie ihre Einsichten veröffentlichen und neue Erkenntnisse gewinnen. In Zusammenarbeit mit anderen Professoren, unter anderen mit Tricia Rose, verfasste Nelson Aufsätze, die ihren Weg in akademische Zeitschriften und Universitätskurse fanden. Damit legte sie das Fundament für den Afrofuturismus als akademischen Forschungsgegenstand. DJ Spooky, King Britt, Ras G und Flying Lotus gehören zu den Musikern und Produzenten, die den Sound der Zukunft neu definieren und die Grenzen der Technik in Form von Musik hinausschieben.

Auch wenn große Publikumsverlage die schwarzen Stimmen in der Literatur nicht immer gewürdigt haben: Sehr viele Autoren afrikanischen Ursprungs schreiben Science-Fiction-Romane und -Erzählungen. Die Hauptfiguren in den Geschichten von Samuel R. Delany, Marc Barnes, Tananarive Due, Nalo Hopkinson, Nnedi Okorafor sind afrikanischen Ursprungs, und alle diese Autoren erweitern das kollektive Verständnis der Ästhetik von Science-Fiction, einem Genre, dessen Wurzeln bis ins späte 19. Jahrhundert zurückreichen.

Black to the Future

Es ist kein Geheimnis, dass Schwarze bis vor Kurzem nur selten eine Rolle in Science-Fiction-Filmen gespielt haben. Ben Hanser spielte den einzigen Überlebenden in NIGHT OF THE LIVING DEAD (Die Nacht der lebenden Toten; 1968; R: George A. Romero). CHANGE OF MIND (1969), ein Film des Regisseurs Robert Stevens, erzählt die Geschichte eines weißen Anwalts, dessen Gehirn in den Körper eines Schwarzen (Raymond St. Jacques) transplantiert wird und der sich darauf in dessen Leben zurechtfinden muss. Die DDR-Filmgesellschaft DEFA drehte indes vier Science-Fiction-Filme, darunter DER SCHWEIGENDE STERN (1960; R: Kurz Maetzig), der in den USA unter dem Titel FIRST SPACESHIP ON VENUS lief. Zur multiethnischen Besatzung des Raumschiffs gehört auch Julius Ongewe, ein afrikanischer Fernsehtechniker.

SUGAR HILL (Die schwarzen Zombies von Sugar Hill; 1974; R: Paul Maslansky) erzählt von einem Rachefeldzug einer jungen Schwarzen, die eine Voodoo-Königin und ihre Untoten-Gefolgschaft aufsucht. Zusammen mit dem Vampirfilm BLACULA (1972; R: William Crain) gehört er zu den schwarzen Kultfilmen jener Pulpära.

Was ist Afrofuturismus?

John Sayles Klassiker BROTHER FROM ANOTHER PLANET (1984) schildert die Erfahrungen eines stummen Außerirdischen, der das Leben in den USA entzaubert. Sun Ras SPACE IS THE PLACE (1974; R: John Coney) ist das filmische Gegenstück zum einzigartigen musikalischen Sound des Künstlers, der neben der Musik auch das Drehbuch schrieb und die Hauptrolle übernahm.

Sun Ra: Saturn Alien

Er spielt sich selbst, während er versucht, Schwarze von der Erde auf einen neuen utopischen Planeten zu transportieren. Dass er schwarz ist, erschwert jedoch seine Reise. SPACE IS THE PLACE ist die Quintessenz des klassischen afrofuturistischen Kinos und leistet auf dem Gebiet des Films Ähnliches wie der gleichnamige Song auf dem der Musik.

SANKOFA (1993), ein Autorenfilm von Haile Gerima, folgt einem afroamerikanischen Model, das bei Fotoaufnahmen in einer historischen Sklavenfestung an der Küste Ghanas in die Zeit des Sklavenhandels zurückversetzt wird. Zwar lässt sich darüber streiten, ob es sich dabei überhaupt um einen Science-Fiction-Film handelt, doch das Motiv der Zeitreise wird ähnlich wie in Octavia E. Butlers Roman *Kindred* (*Vom gleichen Blut*; 1979) dazu verwandt, in die Vergangenheit einzutauchen, um ein Trauma zu überwinden und sich mit einem Erbe und einer möglichen Zukunft auseinanderzusetzen. Gerima ist ein äthiopischer Filmemacher und eine der Galionsfiguren der *L.A. Rebellion*, einer Bewegung unabhängiger Filmemacher, die zwischen den 1960er und den frühen 1980er Jahren die Filmhochschule der UCLA durchlaufen haben. Diese Gruppe wollte Filme drehen, die den Interessen eines schwarzen Publikums entgegenkommen.

Gerima drehte annähernd zehn Jahre an seinem hochgelobten Werk. Der Titel bezieht sich auf einen gleichnamigen mythischen Vogel: Der Sankofa hat seinen Kopf auf den Rücken gedreht, um sein Ei aufzufangen – der Name bedeutet so viel wie »Wenn du in die Vergangenheit siehst, erkennst du die Zukunft«.

WELCOME II THE TERRORDOME (1995) der britisch-nigerianischen Filmemacherin Ngozi Onwurah blickt durch die Brille der ständigen Entfremdung auf die Gräuel der Versklavung, die blutigen Aufstände und die Zerstörung in den Städten. In den 1980er und 90er Jahren gab es in populären Filmreihen mindestens einen schwarzen Charakter, die berühmtesten Beispiele sind STAR WARS (1977 ff.) und ALIEN (1979 ff.). Sieht man von SPACE IS THE PLACE ab, dann waren diese Figuren häufig isoliert und kämpften entweder mit ihrer Identität oder waren in eine Welt eingebunden, für die sie nicht verantwortlich waren.

Mit Anbruch des 21. Jahrhunderts bemühten sich die Hollywood-Studios verstärkt darum, die Vielfalt in der Welt anzuerkennen. Für ihre Filmvorhaben wurden nun afroamerikanische Spitzenschauspieler und -schauspielerinnen eingespannt. Will Smith war am häufigsten in Science-Fiction-Filmen zu sehen. In I AM LEGEND (2007) spielt er den letzten Menschen auf der Erde, der im Kampf gegen die drohende Zombieapokalypse ganz allein auf sich gestellt ist. In MEN IN BLACK (1997) schützt er die Erde vor gefährlichen Außerirdischen und steht zwischen diesen und anderen außerirdischen Wesen, die die Welt sonst noch bevölkern. In AFTER EARTH (2013) muss er seinem Sohn beistehen, damit der auf der Erde überlebt, die nach schweren Katastrophen nur noch von Tieren und Pflanzen bewohnt ist. Halle Berry spielte die Hauptrolle in CATWOMAN (2004) und die Figur der Storm im X-MEN-Franchise (2000 ff.). Wesley Snipes gibt in der Marvel-Comic-Verfilmung BLADE (1998) einen Vampir als Superhelden. Die MATRIX-Trilogie (1999–2003) führt eine ungeheuer vielfältige Welt vor, die von Maschinen und Menschen bevölkert ist – als herausragend wäre vor allem das von Gloria Foster und Mary Alice verkörperte Orakel zu nennen und natürlich der von Lawrence Fishburne gespielte Morpheus. Beide Figuren stehen für die Stimme der Vernunft und sind die Mentoren des Protagonisten Neo, dem sie dazu verhelfen, seine Größe zu erkennen und anzunehmen.

Die Massen von Comicfans und ihr Verlangen nach immer neuen Superhelden, eine blühende, unabhängige schwarze Comicszene und die Popularität des Afrofuturismus ermöglichen es den Comicbuchverlagen heute, ihre lange vernachlässigten schwarzen Helden auf Leinwände und Bildschirme zu bringen. Marvels BLACK PANTHER wird 2018 in den Kinos starten. Titelheld ist ein Fürst im mythischen Land Wakanda, einem hochentwickelten afrikanischen Staat. Der Film unter der Regie von Ryan Coogler wäre der erste Superhelden-Film, der nicht nur die Geschichte eines schwarzen Helden erzählt, sondern auch eine fast ausschließlich schwarze Besetzung aufweist. Marvel hat außerdem für eine Renaissance von LUKE CAGE (TV-Serie, seit 2016) gesorgt, während DC Comics eine Überarbeitung von *Black Lightning* herausgibt. Beide Figuren entstanden, angestoßen durch die Bürgerrechtsbewegung, in den 1970er Jahren und sind heute in Fernsehserien und/oder digitalen Medien präsent.

Schwarze Superhelden

Die Vorstellung, es müsse in Comics und Filmen einen schwarzen Superhelden geben, hat schon immer Debatten ausgelöst. Der Dokumentarfilm WHITE SCRIPTS AND BLACK SUPERMEN: BLACK MASCULINITY IN COMICS von Jonathan Gayles (2010) wirft einen Blick auf frühe Superhelden wie Luke Cage, Black Lightning und The Falcon. In Gesprächen mit Literaturwissenschaftlern, Comicbuchautoren und Kulturkritikern erörtert der Dokumentarfilm, wie diese Figuren entstanden sind. In vielen Fällen wurden die Stereotype entschärft, um den Klischees über Schwarze entgegenzukommen, oder ihre außergewöhnlichen Kräfte wurden in dem Versuch, ein weißes Publikum zu beruhigen, heruntergespielt. Die erste Comic-Serie mit einer schwarzen Hauptfigur, *Lobo*, erschien 1965 bei Dell Comics. Der Titelheld, ein reicher Cowboy, hinterließ, gleichsam als Warnung, nach jedem siegreichen Kampf mit seinen Feinden eine Goldmünze mit dem Buchstaben L. Nach zwei Folgen wurde die Reihe eingestellt, weil viele Buchhändler sich weigerten, sie in ihr Sortiment aufzunehmen. Zur Wanderausstellung *Afro Supa Hero* des britischen Künstlers Jon Daniel gehört auch eine Sammlung seltener schwarzer Comichelden und Actionfiguren. Da er im Heer der Comichelden und der fantastischen Kunst keine heroischen Darstellungen von Schwarzen fand, hielt sich Daniel, wie so viele schwarze Jugendliche, an diese Handvoll Helden, um glauben zu können, dass auch er wenn schon nicht in einem realen, dann doch in einem mythischen Raum über außergewöhnliche Kräfte verfügen könnte. Doch erst als Erwachsener, der selbst bereits Kinder hatte, begann er seine eigentliche Sammlertätigkeit – und der Anbruch des Internetzeitalters war da sicherlich eine Hilfe. Gayles spricht in seinem Film in geradezu poetischen Worten davon, wie ihm diese Bilder, sogar noch als Erwachsenem, dabei geholfen haben, sich selbst zu akzeptieren.

Der afrofuturistische Film

Der Anbruch des neuen Jahrtausends setzte noch weitere Fortschritte in Gang. Die Entwicklung erstklassiger Digitalkameras, die wesentlich günstiger als gleichwertige Filmkameras sind, ermöglichte es – zusammen mit dem Internet und den sozialen Medien – einer neuen Generation von Filmemachern, ihre Visionen zu verwirklichen. Häufig mit nur bescheidenem Budget ausgestattet, nutzten sie die Kunst des Kurzfilms und des erzählenden Spielfilms, um mit neuen Bildern des Schwarzseins zu experimentieren, die die gesellschaftlich produzierten Normen der Realität sprengten. Von den USA bis Kenia deckten diese Filmemacher die ganze Diaspora ab und versuchten, einen introspektiven und zeitgenössischen Blick auf das Genre Science-Fiction zu werfen. Anders als ihre Vorgänger in den 1990er Jahren wollten sie ihr Schwarzsein nicht als Erfahrung des Fremden begreifen oder es durch das Prisma des Rassismus analysieren. Auch drehten sich diese neuen Geschichten nicht um Neuauflagen von Superhelden. Die neue Riege von Filmemachern wollte neue Welten schaffen, indem sie Reales und Irreales, Traumwelt und Technik miteinander vermischten. Da sie den großen Vorteil hatten, dass ihnen mit dem Wort Afrofuturismus eine Kategorie für ihr Werk zur Verfügung stand, sind ihre Filme von der Öffentlichkeit wahrgenommen worden.

LES SAIGNANTES (2005) von Jean-Pierre Bekolo erzählt die Geschichte zweier junger Frauen, die sich in einem korrupten Kamerun der nahen Zukunft behaupten. Durchsetzt mit Äußerungen des Filmemachers über die Schwierigkeit, in Afrika einen Film zu drehen, lässt der Spielfilm Sexualität, Spiritualität, Horror und Satire ineinander übergehen. PUMZI (2009) der kenianischen Filmemacherin Wanuri Kahiu schildert ein technisch hochentwickeltes, postapokalyptisches Afrika, in dem Träume unterdrückt werden und das Wasser knapp ist. Die Heldin der Geschichte ist genötigt, aus ihrer abgeschlossenen Welt auszubrechen, um die verödete Außenwelt zu erforschen, wo sie zu einem neuen Verständnis des Lebens gelangt. Die amerikanische Filmemacherin Cauleen Smith hat es zu ihrer Lebensaufgabe gemacht, afrofuturistische Kurzfilme zu drehen. In ihren hochexperimentellen Arbeiten versucht sie mithilfe kognitiver Dissonanzen, brennende Fragen ins Bewusstsein zu rücken. Ihr Kurzfilm H-E-L-L-O (2014) zeigt eine Reihe von Musikern, die alle die denkwürdigen Akkorde aus Steven Spielbergs CLOSE ENCOUNTERS OF THE THIRD KIND (Unheimliche Begegnung der dritten Art; 1977) spielen, und das vor dem Hintergrund des durch Katrina verwüsteten New Orleans. Die eindringlichen Akkorde erinnern an die Menschen, die alles verloren haben und von denen viele nie in ihre Häuser zurückkehren konnten.

Der Spielfilm AN OVERSIMPLIFICATION OF HER BEAUTY (2012) von Terence Nance ist im Wesentlichen eine Liebesgeschichte, in der Zeichentrickszenen, Filmszenen und Fantasien sich abwechseln, während ein junger Mann in New York sich mit seiner Verletzlichkeit und seiner neugefundenen Liebe auseinandersetzt. Der Kurzfilm DELUGE (2013) von Nijla Baseema Mu'min beschwört den Mythos der

Was ist Afrofuturismus?

Seejungfrau: Ein Mädchen muss sich hier entscheiden, ob es den Lockungen der Seejungfrauen folgen möchte, die es am Ufer des Pontchartrain-Sees in Louisiana zu sich rufen. Anregung für die Geschichte war der Tod mehrerer Jugendlicher in einem Wasserloch in der Nähe. Der von der Kritik hochgelobte kurze Videofilm der Künstlerin Wangechi Mutu, THE END OF EATING EVERYTHING (2013), ist ein Kommentar zum Konsumwahn und verschmilzt Frauen und Natur: Der Kurzfilm zeigt die Musikerin Santigold in der Rolle des Konsumentenungeheuers und verwischt die zarte Trennlinie zwischen der Schönen und dem Biest.

MONSOONS OVER THE MOON (2015) des kenianischen Filmemachers Dan Muchina alias Abstract Omega spielt in einem dystopischen Nairobi. Eine Gruppe von Flüchtlingen kehrt zurück, um junge Leute zu befreien, und nutzt dabei Träume als eine Form des Reisens und der Kommunikation. Und dann wäre da noch der Ghanaer Francis Bodomo mit seinem Kurzfilm AFRONAUTS (2014) zu nennen, einer Was-wäre-wenn-Geschichte, die Spekulationen über das ehrgeizige sambische Weltraumprogramm anstellt, das niemals in Gang gekommen ist.

NOISEGATE (2015) des US-Amerikaners Donovan Vim Crony lotet die Möglichkeiten von Klang als Mittel der Teleportation aus. TO CATCH A DREAM (2015) ist ein surrealistischer kenianischer Modefilm des in Nairobi lebenden Künstlerkollektivs *The Nest*, der in Zusammenarbeit mit dessen eigenem Modelabel *Chico Leco* entstanden ist. Das 13-Minuten-Werk zeigt das kenianische Model Ajuma Nasenyana als trauernde Witwe, die von immer wiederkehrenden Albträumen geplagt wird. Um sich von den nächtlichen Schrecken zu befreien,

Diandra Forrest als Matha Mwambwa in AFRONAUTS

nimmt sie Zuflucht zu einem vergessenen Zaubermittel, das es ihr ermöglicht, die körperliche Welt zu verlassen.

Die Bandbreite von Kurzfilmen, die die Szene bereichert haben, führte zu einer Reihe von Festivals, in deren Mittelpunkt afrofuturistische Werke standen. Unter der Schirmherrschaft der US-Filmemacher Amir George und Erin Christovale entstand so *Black Radical Imagination*, eine Reihe von afrofuturistischen und spekulativen Kurzfilmen. Die 2013 gegründete Initiative tourt mit dieser Reihe durch ganz Amerika und Europa, um die jüngsten afrofuturistischen und experimentellen Werke vorzustellen. 2014 habe ich gemeinsam mit dem Filmemacher Floyd Webb *Black Future Month* ins Leben gerufen, eine Reihe von Dokumentar-, Spiel- und Kurzfilmen, die sich mit Fragen der schwarzen Kultur, des Raums und des Surrealen auseinandersetzen. Das Festival findet im Februar statt, dem traditionellen Black History Month in den Vereinigten Staaten, und präsentiert einem interessierten Publikum surrealistische Werke und Science-Fiction-Filme. Daneben widmeten sich Festivals in Bristol und São Paulo dem Afrofuturismus: Sie zeugen von der Menge der Filme und dem Wunsch des Publikums, neue Perspektiven kennenzulernen.

BAR STAR CITY & C-ME

Auch ich gehöre zu den afrofuturistischen Filmemachern. Gegenwärtig drehe ich zwei Science-Fiction-Projekte. Ich schreibe die Drehbücher und führe Regie bei der afrofuturistischen Netzreihe C-ME. Im Mittelpunkt steht eine Frau, die durch eine leidenschaftliche Romanze mit einem Außerirdischen genötigt wird, ihre Realität zu hinterfragen. Außerdem arbeite ich an dem Film BAR STAR CITY, dessen Geschichte dem Muster der Sitcom CHEERS (USA 1982–93), umrankt mit dem Sound der Bands Parliament und Funkadelic, folgt: Mehrere Leute finden sich als nicht ganz regelmäßige Stammgäste in einer Chicagoer Bar ein, die das Eingangstor zu anderen Welten ist. Als eine Göttin aus der fernen Vergangenheit und ein Flugkapitän aus der Zukunft diese Bar zu ihrem Zuhause machen, setzen sich die Stammgäste mit dem Sinn ihres Lebens auseinander. Beide Projekte werden 2017 ihr Debüt haben.

Je mehr meine Verbundenheit mit dem Afrofuturismus wuchs, eine umso größere Flut von Ideen entstand in mir, denen ich als Filmemacherin kaum hinterherkomme. Während ich an dem gleichnamigen Buch schrieb, haben meine Überlegungen zum Afrofuturismus neue Ideen zu Geschichten ausgelöst, von denen ich nie geahnt hätte, dass sie in mir steckten und darauf warteten, mitgeteilt zu werden. Dieser Erzähldrang mündete zunächst in die Buchreihe *Rayla 2212*, die Geschichte von Rayla Illmatic, die in der dritten Generation auf dem Planeten Hope lebt und damit betraut ist, vermisste Astronauten aufzuspüren, die sich bei ihren Zeitreisen im Raum verirrt haben. Rayla muss in frühere Zeiten zurückgehen, um diese Astronauten zu finden, denn nur als Kollektiv sind sie in der Lage, den Planeten wieder zu seinen utopischen Wurzeln zurückzuführen. Die Figur der Rayla entstand in meinem Kopf, als ich gerade mitten in der Arbeit am Buch über den Afrofuturismus steckte, und die Geschichte peinigte mich so lange, bis ich meine Arbeit unterbrach und sie niederschrieb, bevor ich mit dem Buch weitermachen konnte.

Die Erfahrung, sowohl theoretisch über Afrofuturismus zu schreiben als auch afrofuturistische Fiktion zu verfassen, bestätigt für mich, dass der Afrofuturismus einen Raum der Identität, der Erkundung und der Unendlichkeit öffnet. Im Reich der Fantasie nimmt die Selbstbestimmung allerlei Formen an; die Überlegungen auf beiden Seiten des Zaunes haben den Blick auf neue Möglichkeiten des Geschichtenerzählens freigegeben, die für Weiteres Mut machen. Ich schreibe das, weil es im Afrofuturismus letztlich darum geht, die Menschen intensiver mit sich selbst in Verbindung zu bringen und ihre schöpferische Ader freizulegen. Ob sie sich dadurch nun angeregt fühlen, Kunstwerke zu schaffen, sich kreativ auf ihr eigenes Leben zu beziehen oder aber Organisationen zu gründen, um anderen Menschen zu helfen – in jedem Fall befreit eine zur Lebensweise gewordene Kreativität und bringt uns unserem eigenen Menschsein, der Natur und dem uns umgebenden Universum näher.

Dass sich der Afrofuturismus heute, im zweiten Jahrzehnt des 21. Jahrhunderts, aus seinem Nischendasein befreit und zu einer bedeutenden Kunstrichtung entwickelt hat, braucht uns nicht zu erstaunen. Der Film als Kunstform ist der neue Horizont des Afrofuturismus. Für alle schöpferisch tätigen Menschen sind es aufregende Zeiten, und dank der technischen Möglichkeiten, die uns Menschen heute weltweit miteinander verbinden, bilden wir zunehmend einen Organismus. Wenn wir miteinander kommunizieren und uns Geschichten erzählen, stiften wir die gleichen Gemeinschaftsbande, die vor vielen Jahrhunderten von den Griots, den afrikanischen Sängern, geknüpft worden sind, und von den Alten, wenn sie mit anderen Menschen um ein Feuer saßen und ihre weisen Sprüche und seherischen Geschichten spannen. Grenzen lösen sich auf. Glücklicherweise ist der Afrofuturismus ein Weg, auf dem die Menschheit zu ihren verborgenen Kräften zurückkehren und sich ihr die Schönheit des Lebens offenbaren kann.

Übersetzung aus dem Englischen: Christiana Goldmann

Die Poesie des Unsichtbaren

Verborgene Dimensionen im chinesischen Science-Fiction-Kino

Von Mingwei Song

Das Unsichtbare, der für die folgenden Überlegungen zentrale Begriff, ist in mindestens dreierlei Bedeutung zu verstehen: Erstens war der Science-Fiction-Film in China über viele Jahre ein marginalisiertes Genre, das weithin auf ein Publikum verzichten musste. Zweitens kommt in den chinesischen Science-Fiction-Filmen der Neuen Welle um die Jahrtausendwende eine zuvor »unsichtbare«, den Blicken entzogene chinesische Realität zum Vorschein. Und drittens besteht das Spezifische der chinesischen Science-Fiction-Ästhetik in ihrem Kreisen um eine Poetik des Unsichtbaren. Die unsichtbaren Körper und verborgenen Dimensionen des Universums in Liu Cixins[1] Opus magnum, der *Santi*-Trilogie (2006–10),[2] bezeugen beispielhaft die gewaltige Imaginationskraft einer Literatur, die den Blick auf die Realität zu erschaffen oder zu verändern vermag.

Chinesische Science-Fiction: Eine Gattung im Verborgenen

Nach vielversprechenden Anfängen im letzten Jahrzehnt (1902–11) der Qing-Dynastie spielt Science-Fiction über weite Strecken des 20. Jahrhunderts in der chinesischsprachigen Welt so gut wie keine Rolle mehr – von kurzen Perioden des Aufblühens etwa in Hongkong zur Zeit des Kalten Krieges, in Taiwan in den 1970er und 80er Jahren und in den frühen Reformjahren in der Volksrepublik China einmal abgesehen. Die Entwicklung hin zu einem populären Genre im modernen China vollzieht sich alles andere als kontinuierlich; kurze Blütephasen wechseln immer wieder mit langen Zeiträumen des Brachliegens ab. Diese Fragmentierung führt dazu, dass die Gattung bei jedem Wiederaufleben von einer neuen Generation noch einmal erfunden werden muss – das gilt noch für ihr jüngstes Revival.

Bei den Anfängen der chinesischen Science-Fiction in der späten Qing-Zeit handelt es sich im Wesentlichen um utopische Entwürfe. Eine Weiterentwicklung der Gattung wird in der anschließenden Phase der »4.-Mai-Bewegung« (1918–21) zunächst unterbunden, der Realismus zur Doktrin einer zeitgenössischen Literatur proklamiert. Im literarischen Kanon der Republik China ist daher für Science-Fiction kein Platz. Die Gattung fällt einem Paradigmenwechsel in der chinesischen Literatur zum Opfer – ein Schicksal, das sie mit vielen anderen Kunstformen, die sich unter dem Begriff der »unterdrückten Moderne« zusammenfassen lassen, teilt.[3] Bis zu den 1950er Jahren finden sich kaum Beispiele für das Genre; zu den wenigen Werken, die sich aus dieser Epoche anführen lassen, gehört etwa Lao Shes Dystopie *Māochéngjì* (*Die Stadt der Katzen*; 1932).

Nach 1949 taucht die Science-Fiction erneut auf. Das kommunistische Regime segnet sie als Untergattung der Kinderliteratur ab und versieht sie mit dem politischen Auftrag, die Verbreitung wissenschaftlicher Erkenntnisse und ideologischer Grundsätze zu befördern. Damit ist das Genre denn auch weitgehend seiner dynamischen Kraft beraubt, denn Visionen jenseits des Bekannten und Vertrauten vermögen sich in den Grenzen von politischer Teleologie und wissenschaftlichem Determinismus kaum zu entfalten. Eine weitere Wiederbelebung des Genres setzt in Taiwan in den 1970er und 80er Jahren ein; der Schwerpunkt liegt dabei auf dystopischen Zukunftsszenarien und kritischen Gesellschaftsentwürfen. Auch in der Volksrepublik China gibt es Versuche, die Konventionen der Gattung so zu erweitern, dass Raum für politische Reflexionen entsteht – sie treffen jedoch umgehend auf vernichtende Kritik durch die von der Kommunistischen Partei in Gang gesetzte »Kampagne gegen die geistige Verschmutzung« (1983).[4] Das Verbot aller Science-Fiction-Magazine aus der Reformära – von dem einzig die Zeitschrift *Science Literature* aus Chengdhu verschont bleibt, die später, umbenannt in *Science Fiction World*, zum Ausgangspunkt des dritten Revivals wird – bringt eine gesamte Generation chinesischer Science-Fiction-Autoren mit den Mitteln der politischen Kritik und institutionalisierten Bestrafung zum Schweigen.

Im chinesischen Kino spielen seit seinen Anfängen in den 1910er Jahren Science-Fiction-Filme kaum eine Rolle, abgesehen von zwei Ausnahmen: Erstens zeichnen einige kommunistische – zumeist unter Maos Herrschaft entstandene – Propagandafilme utopische Zukunftsentwürfe vom Leben in China, ein Beispiel dafür ist SHI SAN LING SHUI KU CHAN XIANG QU (dt. »Die Ballade von Ming-Gräber-Stausee«; 1958; R: Jin Shan, nach einem Drama von Tian Han), in dem China in der Folge von Maos Kampagne *Großer Sprung nach vorn* (1958) vor den Augen der Zuschauer einer blühenden Zukunft entgegenschreitet. Zweitens entstehen Filme für Kinder und mit Protagonisten im Kindesalter, in denen vorgeführt wird, wie wissenschaftliche Erkenntnisse zur Bewäl-

SHANHU DAO SHANG DE SHI GUANG: Patriotismus und Wissenschaftsgläubigkeit vermischen sich

tigung von Alltagsproblemen beitragen. Ein herausragendes Beispiel für diese Gattung ist Feng Xiaonings DA QI CENG XIAO SHI (dt. »Die Ozonschicht verschwindet«; 1990), dem es gelingt, eine scheinbar schlichte Geschichte von Kindern, die außerhalb des Klassenzimmers wissenschaftliche Experimente durchführen, mit Hintersinn aufzuladen.

Das unbestrittene Glanzstück des chinesischen Science-Fiction-Films vor dem 21. Jahrhundert ist Zhang Hongmeis Verfilmung der preisgekrönten Kurzgeschichte *Shanhu Dao Shang De Shi Guang* (auf Englisch erschienen als *Death Ray on a Coral Island*) von Tong Enzheng (1935–97). Dieser Film erfreute sich schon kurz nach seinem Erscheinen 1980 beim Publikum so großer Beliebtheit, dass er zum wohl bedeutendsten Science-Fiction-Film der Reformära wurde. Mit neuen filmischen Techniken und Spezialeffekten erzählt er eine Geschichte, in der sich Patriotismus und Wissenschaftsgläubigkeit miteinander vermischen. Der Film führt die beeindruckende Leistungsfähigkeit eines tödlichen Laserstrahls vor und zeigt, dass fortschrittliche Wissenschaft ebenso für gute wie für böse politische Zwecke eingesetzt werden kann. Damit lotet er das Kampffeld zwischen Wissenschaft und Politik aus, wobei hier Letztere unausweichlich den Sieg davonträgt.[5]

Die »New Wave«

Erst im 21. Jahrhundert erlebt das Genre Science-Fiction in der Volksrepublik China ein erneutes Revival. Es nimmt im Internet seinen Anfang und verbreitet sich von dort schnell im Buchmarkt und in die Massenmedien hinein. Eine Würdigung vonseiten der Literaturkritik erfahren darunter vor allem drei Namen: Wang Jinkang (geb. 1948), Liu Cixin (geb. 1963) und Han Song (geb. 1965), die »drei Großen« der chinesischen Science-Fiction. Die folgenden Ausführungen widmen sich vor allem dem Werk von Han Song und Liu Cixin.

Ich bezeichne diesen jüngsten Science-Fiction-Boom in China als »New Wave«, um zu unterstreichen, dass es sich dabei um experimentelle, sowohl kulturell als auch politisch subversive Literatur auf der Höhe ihrer Zeit handelt.[6] Wie ihr angloamerikanisches Pendant stellt die neue Welle der chinesischen Science-Fiction einen Versuch dar, »eine Sprache und eine gesellschaftliche Perspektive für Science-Fiction zu finden, die ihren technologischen Zukunftsbildern an Experimentierfreude und Fortschrittlichkeit in nichts nachstehen.«[7] Mit anderen Worten, die neue Generation chinesischer Science-Fiction-Autoren sieht sich vor der Aufgabe, abseits vom Mainstream des literarischen Realismus und des offiziellen politischen Diskurses eigene Wege zu beschreiten, um die Gattung mit neuem literarischen und gesellschaftskritischen Bewusstsein auszustatten und zugleich die Wunschvorstellung wie die Realität des Wandels in China – und der Welt – in all ihrer Komplexität, Ambivalenz und Ungewissheit darzustellen.

An literarischer Qualität und politischer Ambivalenz übertrifft das aktuelle Aufblühen des Genres alles zuvor Dagewesene. Wie ich an anderer Stelle bemerkt habe, gehen die Anfänge dieses Paradigmenwechsels in der Science-Fiction, mit dem auch ein komplexer Kulturwandel der Gattung einsetzt, auf das im Frühjahr 1989 entstandene und unveröffentlicht gebliebene, später allerdings im Internet kursierende Manuskript von Liu Cixins Cyberpunk-Roman *China 2185* zurück.[8] Der Roman schildert die dramatischen Ereignisse einer Cybernet-Revolution, die Mao von den Toten erweckt und in dem Bemühen gipfelt, die Welt mithilfe von Politik, Technologie und Kybernetik grundlegend zu verändern.

Die aus der politischen Kultur nach 1989 hervorgegangene New Wave im chinesischen Science-Fiction hat aber nicht nur zu einer Wiederbelebung des Genres beigetragen, sondern auch zur Unterwanderung seiner im 20. Jahrhundert gültigen Erzählmuster, deren Eckpfeiler politischer Utopismus und technischer Fortschrittsoptimismus waren. Entstanden zu einer Zeit, als die Regierung den »chinesischen Traum« verordnet, bringt diese New Wave auch die aus tiefen Schichten des Unbewussten stammenden Albträume ans Tageslicht. In ihnen zeigt sich eine dunkle, subversive Seite, die die »verborgenen«, den Blicken entzogenen Dimensionen der Realität zum Ausdruck bringt – oder umgekehrt von der Unmöglichkeit zeugt, die »Realität« nach dem Diktat des nationalen »Traums« darzustellen. Mit der Darstellung des Unmöglichen und Ungewissen sowie der Imagination einer historischen Zukunft jenseits des politisch und wissenschaftlich Bekannten nimmt das Genre Science-Fiction eine literarische Qualität an, die das Denken und die Vorstellungskraft all jener Intellektuellen tief prägt, die sich wie auch immer gearteten politischen Alternativen nicht gänzlich verschließen. In ihrer radikalsten Form kommt die chinesische Science-Fiction in avantgardistischen Strömungen zur Entfaltung, die die konventionelle Wahrnehmung der Wirklichkeit ebenso infrage stellen wie die landläufigen Vorstellungen darüber, was das Leben und die Identität von Menschen in einer von umfassenden Sozialtechnologien geprägten Umgebung ausmacht.

Obwohl das Werk der beiden Autoren unterschiedlicher nicht sein könnte, sind Han Song und Liu Cixin für die Entwicklung der New Wave gleichermaßen stilbildend. Liu gilt als Vertreter einer »harten Science-Fiction«,[9] in deren Mittelpunkt mit wissenschaftlicher Genauigkeit geschilderte fiktive Welten stehen, die auf glaubwürdig wirkenden Modifizierungen physikalischer Gesetze beruhen. Hans Parabeln voller mitunter rätselhafter Metaphern sind eher als Allegorien auf die Schattenseiten der real existierenden Gesellschaft zu lesen. Bei all ihrer Unterschiedlichkeit haben beide Autoren mit ihren je eigenen Darstellungsformen des Unsichtbaren einen bedeutenden Beitrag zur New Wave geleistet.

Han Song: Techniken des Träumens

Han Song, von Beruf Journalist und in leitender Funktion für die Xinhua News Agency tätig, begann in den 1980er Jahren neben seiner Berufstätigkeit mit dem Schreiben von Kurzgeschichten, die als Vorläufer der New Wave gelten können und zur Wiederbelebung des Genres beigetragen haben. Die allegorischen Schilderungen albtraumhafter Szenarien haben seinen düsteren Geschichten und Romanen gelegentlich die Kennzeichnung als kafkaesk eingebracht.[10] In seinen Büchern unternimmt er den Versuch, eine unter der Oberfläche der chinesischen Alltagsrealität verborgene tiefere Wahrheit ans Licht zu befördern. Diese Wahrheit mag zwar nicht den Kriterien des literarischen Realismus entsprechen, gewinnt aber durch plausibel präsentierte technische Erfindungen im Rahmen der Science-Fiction Glaubwürdigkeit – wobei Technik hier nicht nur eine politische Bedeutung hat, sondern auch für einen literarischen Kunstgriff eingesetzt wird. In vielen Kurzgeschichten und Romanen von Han spielt das Motiv einer unsichtbaren Technik eine Rolle, die die Gedanken und Träume der Menschen steuert und kontrolliert, zugleich aber wird die Darstellung dieser verborgenen Realität nur möglich durch eine traumartige, Science-Fiction-hafte Fantasiewelt.

In der 2002 in der *Science Fiction World* erschienenen Kurzgeschichte *Kan de kongju* (dt. »Die Angst vorm Sehen«) etwa kommt ein Kind mit zehn Augen auf der Stirn zur Welt.[11] Bei den Eltern weckt das neben ihrer Sorge auch ein Interesse an der Frage, wie sich die Welt in den Augen ihres kleinen Kindes wohl darstellt und wie es träumt. Mithilfe eines Computerwissenschaftlers gelingt es, das Gehirn des Babys an ein Gerät anzuschließen, das die Übertragung seiner visuellen Eindrücke auf einen Bildschirm ermöglicht. Zur Verblüffung der Eltern zeigt sich auf diesem Bildschirm nicht wie erwartet das Kinderzimmer, in dem das Baby liegt, sondern ein »riesiges, graues nebelartiges Etwas ohne Anfang und Ende, das den gesamten Bildschirm ausfüllt und dessen Konturen sich nicht auflösen«.[12] Nach ausführlichen Forschungen und Erklärungsversuchen kommt der Wissenschaftler zu dem Ergebnis, dass das Baby mit seinem außergewöhnlichen Wahrnehmungsapparat die Welt tatsächlich so sieht, wie sie »ist«, nämlich als ein formloses Chaos. Die Eltern müssen sich daraufhin mit der Überlegung auseinandersetzen, ob das, was sich ihnen und uns als Realität darstellt, nur ein Trugbild ist. Die neue Wohnung, die Möbel, die Arbeit, ja das ganze Leben – sollte es etwa nichts als Illusion sein? Und wenn dem so ist, wer hat es dann so eingerichtet, dass wir das, was wir »normalerweise« sehen, ganz selbstverständlich für die Realität halten? Die Kurzgeschichte verleiht damit einem Unbehagen an der Realität Ausdruck, das in vielen Science-Fiction-Plots eine Rolle spielt: Zeigt sich die hinter unserer Realität verborgene Wahrheit nur, wenn wir zehn Augen auf der Stirn haben? Der Text selbst beruht auf der Idee, Science-Fiction zu einer Technologie mit Wahrheitsanspruch werden zu lassen.

Die im Erscheinungsjahr von *Kan de kongju* verfasste Kurzgeschichte unter dem Titel *Wo de Zuguo Bu Zuomeng* (dt. »Mein Vaterland träumt nicht«) blieb unveröffentlicht.[13] Ihr Thema sind die Schattenseiten des wirtschaftlichen

Aufschwungs in China: Geschildert wird, wie die gesamte Bevölkerung durch kollektives nächtliches Schlafwandeln zum wirtschaftlichen Aufschwung und zur Verwirklichung des Traums von Wohlstand und Macht beiträgt. Wörtlich übersetzt bedeutet der von Han Song benutzte Ausdruck *mengyou* so viel wie »Traumwandeln«, und in der Tat können sich die Menschen beim morgendlichen Aufwachen ihrer Träume nicht mehr entsinnen. Sie »sehen« nicht, womit ihre Nächte vergehen. Die ganze Nation besteht aus Schlafwandlern, die mit Blindheit geschlagen und ohne Ziel durchs Leben taumeln.

Aufgrund ihrer nächtlichen Umtriebigkeit sind die Menschen morgens so unausgeschlafen, dass sie »Unschlaftabletten« aus staatlicher Herstellung einnehmen müssen, um sich tagsüber wach zu halten. Der junge chinesische Journalist Xiao Ji, dem der kollektive Erschöpfungszustand rätselhaft vorkommt, findet mithilfe eines amerikanischen Spions die Ursache heraus: Er beobachtet die Einwohner Pekings – darunter auch seine eigene Frau und seine Nachbarn –, wie sie nachts zombiegleich durch die Straßen irren oder mit Bussen in Fabriken, Firmen, Waffenlager, Forschungslabore oder Shoppingmalls transportiert werden, wo sie sich besinnungslos der Arbeit oder dem Konsum hingeben. Er sieht schlafwandelnde Lehrer beim Unterrichten schlafwandelnder Schüler und schlafwandelnde »Stadtkontrolleure« bei der Überwachung schlafwandelnder politischer Dissidenten.

Xiao Ji findet außerdem heraus, dass seine Frau jede Nacht in ein Hotelzimmer gebracht wird, um dort einem alten Mann, der kein Schlafwandler ist, gewisse Dienste zu erweisen. Als der junge Journalist den Mann stellt, in dem er einen ihm aus dem Fernsehen bekannten Politiker wiedererkennt, hält der ihm einen Vortrag über die Politik des Schlafwandelns. Es stellt sich heraus, dass die chinesische Regierung eine Technologie entwickelt hat, die durch das Aussenden von »kommunalen Mikrowellen« den Schlaf der Menschen manipuliert. Das Schlafwandeln erweist sich dabei in den Augen der Politiker als ausgesprochen effiziente Methode, das rapide Wirtschaftswachstum in China weiter anzukurbeln, denn schlafende Bürger lassen sich besser zum Arbeiten, Konsumieren und friedlichen Zusammenleben heranziehen. Aus ihnen werden disziplinierte, gut lenkbare Bürger.

Der alte Mann belehrt Xiao Ji: »Das Schafwandeln hat 1,3 Milliarden Chinesen wachgerüttelt« – eine ironische Anspielung auf Lu Xuns (1881–1936) berühmten Aufruf an die aufgeklärten Intellektuellen Chinas, das Volk wachzurütteln. Bei Han Song sinkt nicht nur eine gesamte Nation in den Schlaf zurück, sondern schlimmer noch: In ihrem rastlosen, besinnungslosen und traumlosen Umherwandeln wird sie ihres Rechtes beraubt, die Realität zu sehen oder gar von einer anderen Realität zu träumen. Die Kurzgeschichte entstand zehn Jahre vor Verkündung der Doktrin vom »chinesischen Traum« – dem Kollektivtraum einer ganzen Nation – durch die chinesische Regierung. Die Schlafwandler leben das ins Unbewusste verdrängte Unheimliche dieses von wenigen »schlaflosen« Staatschefs aus dem »Komitee der Dunkelheit« diktierten chinesischen Traums aus. Die schlafwandelnde Bevölkerung, die den chinesischen Traum wahr werden lässt, kann ihn daher weder selbst sehen noch ihn selbst träumen – ihr Leben erweist sich als fremdbestimmter, von außen gesteuerter Traum.

Mit dieser Sichtbarmachung des Unsichtbaren eröffnet Han Song der Science-Fiction als literarischer Form neue Räume. Wie die beiden Erzählungen zeigen, gelingt es, mit dem Stilmittel der Verfremdung vertraute Dinge und die Alltagsrealität in neuem Licht erscheinen zu lassen und so erst dem Blick zugänglich zu machen. Damit sind diese Texte exemplarisch für die Stilrichtung der New Wave: Zunächst einmal sind sie als Allegorien auf eine hinter der chinesischen Alltagsrealität verborgene tiefere Wahrheit zu lesen; sie richten den Blick auf die Mechanismen und Technologien der Macht, die das Leben und Denken der Menschen bestimmen und ihren Realitätssinn beeinflussen. Die Angst davor, die Welt so zu sehen, wie sie wirklich ist, und die Geheimtechnologie, mit der die Menschen im Schlaf und in ihren Träumen manipuliert werden, lassen sich als Metaphern für die aktuelle politische Situation in China lesen. Zugleich erweist sich der Gegenstand einer traumartig verfremdeten Realität als selbstreflexive narrative Strategie, die die Traumtechnologien mit sprachlichen Mitteln widerspiegelt. So wird die konspirative Gedankenkontrolle ebenso reflektiert wie die poetische Form, in der diese Konspiration dargestellt wird. Auf diesem Weg stellt Han Songs Science-Fiction-Prosa die eigene Form in Verbindung mit ihrer Aussage über die gesellschaftliche Realität.

Mit Blick auf Han Songs Werk schließe ich mich der Literaturwissenschaftlerin Seo-young Chu an, die Darko Suvins Definition der Science-Fiction als ein Genre der »kognitiven Verfremdung« etwas revidiert hat.[14] Das wird meist so verstanden, dass die Verfremdung zum formalen »imaginären Rahmen« wird, der für zahlreiche Science-Fiction-Romane und Filme typisch ist. Chu definiert Science-Fiction dagegen als »einen mimetischen Diskurs, der es nicht mit imaginären, sondern mit kognitiv verfremdeten Objekten zu tun hat«.[15] Im Unterschied zu der verbreiteten Auffassung, dass das Genre einen Gegensatz zum literarischen Realismus darstelle, vertritt Chu damit die These, dass Science-Fiction ein sprachliches Abbild der Realität schafft, und zwar in einer Art hypermimetischem Verfahren, in dem das Metaphorische, Symbolische und Poetische als das im Wortsinn zu Verstehende erscheinen.

Han Song hat mehrfach geäußert, dass »die chinesische Realität mehr Science-Fiction enthält als die eigentliche Science-Fiction«, womit auch er darauf hinweist, dass seine Erzählungen nicht nur im metaphorischen, symbolischen oder poetischen Sinn zu verstehen seien, sondern eine inhaltliche Aussage über die empirische Realität treffen.[16] Man könnte sogar noch weitergehend feststellen, dass es wohl kein geeigneteres Mittel für die Darstellung dieser Realität gibt als die Science-Fiction. Science-Fiction und China gehen in Han Songs Erzählungen nicht mehr bloß eine metaphorische, sondern eine geradezu metonymische Beziehung ein.

In dem im Text mit wissenschaftlicher Spekulation evozierten realen China kommt eine in der Alltagsrealität verborgen bleibende Wirklichkeit ans Licht. Insofern vermag die Science-Fiction in ihrer mimetischen Abbildung die Realität besser zu erfassen, als sich das mit den herkömmlichen Mitteln des literarischen Realismus erreichen ließe. Im literarischen Realismus werden die Realität und ihre tiefere Wahrheit nicht einmal Thema; nur der Diskurs der Science-Fiction vermag zu ihr vorzudringen, indem das Subversive zum entscheidenden Merkmal eines Genres wird, das der »Angst vor dem Sehen« die Stirn bietet.

Liu Cixin: Ungesehene Himmelskörper und verborgene Dimensionen

Liu Cixin nähert sich dem Unsichtbaren von einer anderen Seite. Anders als die beklemmenden Einblicke in den abgründigen Schrecken oder aber das Nichts, das sich hinter der sichtbaren Realität in Han Songs Büchern verbirgt, zeichnet Liu Cixin in überwältigender Detailtreue ein grandioses Bild von konkreten Weltensystemen, die als plausibel dargestellt werden und, obwohl sie ein Produkt seiner Fantasie sind, überzeugend real wirken. Im Unterschied zu Han Song, der »weiche« Science-Fiction schreibt, gilt Liu Cixin als Vertreter der »harten« Science-Fiction.[17] Während sich Erstere im Wesentlichen mit der gesellschaftlichen Realität und den gewaltigen Auswirkungen von Technologie beschäftigt, steht in Letzterer die Technologie selbst im Vordergrund. Dazu passt, dass sich Liu Cixin, der von Beruf Informatiker ist, als Technowissenschaftler[18] bezeichnet – auch wenn er an anderer Stelle zu Protokoll gegeben hat, das Verfassen von Science-Fiction sei ein schöpferischer Prozess, in dem der Autor »eine Welt zeichnet und erschafft, als wäre er Gott«.[19] In seinen Erzählungen und Romanen geht es meist um Welten, die zwar jenseits des uns Bekannten angesiedelt sind, aber in ihrer Konstruktion auf wissenschaftlich plausibel erscheinenden Modifizierungen physikalischer Gesetze beruhen.

Liu Cixins Romantrilogie über das »Drei-Körper-Problem« erschien in China zwischen 2006 und 2010.[20] Für ihre chinesische Leserschaft ist *Santi* zum Synonym für Science-Fiction geworden – nicht nur, weil die Trilogie das Vorzeigeprojekt für das Revival des Genres in China schlechthin ist, sondern auch, weil sie die Ästhetik der chinesischen Science-Fiction neu definiert hat. Liu Cixin geht Science-Fiction wie ein wissenschaftliches Experiment an. Der Ursprung der Handlung liegt meist in möglichen Modifizierungen physikalischer Gesetze, und seine Aufgabe als Autor besteht darin, diese Möglichkeiten zu entfalten und ihnen Glaubwürdigkeit zu verleihen. Das Beispiel der Novelle *Shan* (dt. »Berg«) mag das verdeutlichen: Sie handelt von einer blasenförmigen Welt im Inneren eines felsigen Planeten, in der sich eine Gesellschaft von intelligenten Lebewesen aus Metall herausgebildet hat. Wenn sie aus ihrer eingekapselten Welt den Blick nach oben richten, fällt ihr Blick auf einen felsigen, steinernen »Himmel«. Die Handlung beruht auf der Überlegung, was geschähe, wenn jemand wie Kopernikus aufträte, der zu behaupten wagte, die Blase sei nicht der Mittelpunkt des Universums. Was, wenn dieser Kopernikus wagte, aufzubrechen, um herauszufinden, was sich am anderen Ende des steinernen Himmels befindet? Liu Cixins Roman erzählt die Heldensaga von Wesen aus einer fremden Zivilisation, die viele Schwierigkeiten überwinden und schließlich an die Oberfläche des Planeten gelangen, von wo aus ihr Blick auf einen sternenübersäten Himmel fällt.[21]

In *Shan* verhilft Liu Cixin demnach einer Welt zu Sichtbarkeit, die selbst in einen unsichtbaren Planetenkern eingeschlossen ist. Seine Schilderung konzentriert sich auf die Mühen, die damit verbunden sind, das Unsichtbare an die Oberfläche zu befördern – ein Prozess, in dessen Verlauf imaginierte Möglichkeiten die Form einer wissenschaftlich glaubwürdigen Welt annehmen. Das ist von Liu Cixin allerdings nicht als Allegorie für eine nationale Erfahrung gemeint, und es ließe sich sogar behaupten, dass die meisten seiner Bücher einen Hauch politischer Apathie atmen. Im Unterschied zu Han Song beschäftigt Liu sich in seinen Werken mit einem technologischen Utopia einer zukünftigen Menschheit oder posthumanen Gesellschaft, das über den politischen Alltag in China und den Horizont unserer Gegenwart weit hinausweist. Und selbst die vielen politischen Anspielungen in Liu Cixins bereits erwähntem Cyberpunk-Roman *China 2185* sind doch überlagert von wissenschaftlichen Experimenten mit kybernetischen Formen der Herrschaft und dem Motiv einer posthumanen Zukunft, die durch technischen Fortschritt ermöglicht wird.

Anders als das titelgebende »Drei-Körper-Problem« es vermuten lässt, stehen nicht Körper im Zentrum der *Santi*-Trilogie, sondern das Motiv des Mangels an Sichtbarkeit.

THE THREE-BODY PROBLEM: ... das Motiv des Mangels an Sichtbarkeit

Im dritten Band muss einer der Protagonisten, eine quasi-messianische Gestalt, der die Menschheit am Ende ihr Überleben zu verdanken hat, sogar ganz auf seinen Körper verzichten, denn nur sein Gehirn wird auf die Reise ins Universum geschickt. Ob die Außerirdischen, in deren Besitz sein Gehirn kommen soll, in der Lage sein werden, ihn körperlich zu rekonstruieren, bleibt als Frage über weite Strecken der Geschichte offen. Zwar wird sie am Ende insofern beantwortet, als der Held angeblich in körperlicher Gestalt zurückkehrt, aber bevor seine Geliebte ihn zu Gesicht bekommt, werden beide durch einen Unfall für immer voneinander getrennt.

Auch der »Himmelskörper« im »Drei-Körper-Problem« — der Name bezeichnet das auf die Entdeckungen von Kepler und Kopernikus zurückgehende mathematische Problem der Bewegung dreier Himmelskörper unter Einfluss ihrer gegenseitigen Massenanziehung — bleibt unsichtbar. Liu Cixins fiktives Sternensystem besteht aus einem einzigen, um drei Sterne kreisenden Planeten, dessen Umlaufbahn wegen der zwischen diesen Körpern wirkenden Gravitationskräfte unberechenbar und chaotisch ist. Im Zentrum der Handlung steht die Begegnung zwischen den Bewohnern dieses Planeten, deren Weltbild dem unberechenbaren Chaos entspricht, das sie umgibt, und der Menschheit. Allerdings treten diese Außerirdischen, die Trisolarier, nie körperlich in Erscheinung.[22] Anstelle ihrer unsichtbar bleibenden Körper treten menschenähnliche Selbstbilder in einem virtuellen Spiel namens »Three Body«, in dem menschliche Spieler in Gestalt realer historischer Figuren wie dem Zhou-König Cheng, dem Philosophen Mozi, dem ersten Kaiser von China, Kopernikus, Newton und John von Neumann allmählich die Realität der Trisolarier und das Geheimnis ihrer von Gesetzlosigkeit und Formlosigkeit bestimmten Welt zu begreifen lernen.

Durch den Kontakt mit außerirdischen Geschöpfen und Menschen, die in andere Galaxien ausgewandert sind, nähern sich einige Figuren des Romans allmählich der Wahrheit des multidimensionalen, sich der menschlichen Wahrnehmung entziehenden Universums an. Im letzten Band der Trilogie stößt die Besatzung des ersten Raumschiffs, das von der Erde aus das Sonnensystem verlässt, auf eine rätselhafte vierdimensionale »Blase«, in der Zeit und Raum aufgehoben sind.

> Diese Tiefe hatte nichts mit Entfernung zu tun: Sie war in jedem Punkt des Raums verankert. Die ersten Worte, die Guan Yifan bei ihrem Anblick sprach, wurden später zu einem immer wieder zitierten Klassiker: »Jeder Zoll ein bodenloser, unendlicher Abgrund.« Diese hochdimensionale räumliche Erfahrung kam einer spirituellen Taufe gleich. Im Laufe eines einzigen Augenblicks nahmen Begriffe wie Freiheit, Offenheit, Tiefe und Unendlichkeit eine ganz neue Bedeutung an.[23]

Was Liu hier beschreibt, entspricht in seiner Unendlichkeit, Formlosigkeit, Unbegrenztheit und sich dem menschlichen Verstehen schlicht entziehenden Großartigkeit dem Begriff des Erhabenen bei Kant. Am Ende der Trilogie haben die überlebenden Menschen damit begonnen, sich ein paradiesisches Bild des ursprünglichen, zeit- und endlosen Universums zusammenzusetzen, das aus elf Dimensionen besteht. Das Antiparadiesische an diesem Paradieszustand besteht allerdings in der Hervorbringung menschlicher Intelligenz. Denn kaum hat das elfdimensionale Universum für einen kurzen Augenblick existiert, schon erfinden die intelligentesten Wesen, die ihm entstammen, eine gefährliche Waffe, um die Anzahl der Dimensionen zu verringern und die in höheren Dimensionen lebenden Wesen auszulöschen. Bei dem uns bekannten dreidimensionalen Universum handelt es sich dieser Erzählung nach um die Überreste jenes Krieges im Universum vor Urzeiten.

In seiner unfassbaren Größe astronomischen Ausmaßes übersteigt das Universum in der *Santi*-Trilogie – die sich mit der Frage beschäftigt, ob mit Selbstbewusstsein ausgestattete Wesen wie der Mensch in einer ihnen feindlich gesinnten, amoralischen Welt überleben können – Kategorien wie

Gut und Böse; in seiner Erhabenheit stellt es ein Eintrittstor zur Transzendenz dar. Der Zusammenbruch unseres Sonnensystems bildet den Höhepunkt der Romanhandlung. Eine unbekannte höhere Intelligenz kommt auf Patrouille durchs Universum zufällig an unserem und dem angrenzenden trisolarischen Sonnensystem vorbei und entdeckt dabei diese sich in den Tiefen des Universums versteckenden Zivilisationen. Dieses außerirdische Wesen wirft eine hauchdünne Folie in das Sonnensystem – wie sich herausstellt, handelt es sich dabei um eine unbesiegbare Waffe, mit der ihre Besitzer jedes intelligente Leben auszulöschen vermögen, das ihnen gefährlich werden könnte. Diese »Zweivektorenfolie« verändert die Struktur des Raum-Zeit-Kontinuums und reduziert Dreidimensionales auf Zweidimensionalität. Das gesamte Universum verwandelt sich nach und nach in ein riesiges, flaches Bild – ein Planet, ein Objekt, ein Molekül nach dem anderen, die Sonne, Jupiter, Saturn, Venus, Mars, die Erde und die gesamte Menschheit verwandeln sich in eine Fläche.[24]

Dieses Bild stellt Liu Cixins Versuch dar, das Erhabene zur Anschauung zu bringen. Er zeichnet den gesamten Prozess der Zweidimensionalisierung des Universums Schritt für Schritt und in größter Detailtreue nach – jeder Wassertropfen wird gewürdigt, als entspräche er einem gigantischen zweidimensionalen Ozean. Liu Cixin schildert diese fiktive Katastrophe in einer Genauigkeit und in einem Naturalismus, als handelte es sich dabei um ein reales Geschehen, und zwar aus den Augen von drei auf dem Pluto stationierten Beobachtern, die ehrfurchtsvoll die mondgroßen Schneeflocken betrachten, in die sich die zweidimensionalen Wassermoleküle verwandelt haben. Im Bild des zweidimensionalen Sonnensystems wird das unsichtbare Erhabene greifbar.

Dieses Moment ist bezeichnend für Liu Cixins Schreiben, das in Analogie zur Zweivektorenfolie zu verstehen ist: Das zweidimensionale Bild ist ein überzeugendes Symbol für Lius literarische Methode in der Science-Fiction, die aus kleinsten Details eine fantastische Welt voller Erhabenheit entstehen lässt. Die Unendlichkeit des Universums erscheint einerseits als unsichtbar und endlos, erhält andererseits aber eine glaubwürdige physikalische Realität. Die Trilogie endet in einem Erstaunen, das die Science-Fiction weit über Determinismus oder politische Allegorien auf die Lage der Nation (und alles andere in Gewissheit Verwurzelte) hinaushebt in ein fiktives, transzendentales Reich, in dem Möglichkeiten und Wahrnehmungen jenseits der empirischen Realität offenstehen. Zugleich ist das Erhabene bei Liu Cixin sichtbar, in Form der den Leser in den Bann ziehenden magnetischen Anziehungskraft seiner Science-Fiction.

Die Poesie des Unsichtbaren

Das Drei-Körper-Problem auf der Leinwand

Liu Cixin ist seit 2011 der erfolgreichste chinesische Science-Fiction-Autor. Die *Santi*-Trilogie eroberte in China die Bestsellerlisten und wurde 2015 als erstes nicht englischsprachiges Buch mit dem Hugo Award ausgezeichnet. Mindestens sechs Arbeiten des Autors dienen als Vorlage für Filme, wobei die Verfilmung THE THREE-BODY PROBLEM (2017; R: Zhang Fanfan) in den Medien und bei Fans die größte Aufmerksamkeit erhält.

Über den kommerziellen und künstlerischen Erfolg des Films lassen sich noch keine Aussagen treffen, weil er für das Publikum noch »unsichtbar« ist. Liu ist persönlich in das Projekt eingebunden, vor allem in die Postproduktion, die als der aufwändigste und künstlerisch anspruchsvollste Prozess in der Geschichte des chinesischen Kinos gilt.

Der Film soll 2017 in die Kinos kommen und der chinesischen Science-Fiction nicht nur im eigenen Land, sondern weltweit endlich zu größerer Sichtbarkeit verhelfen. Welche Auswirkungen das auf die chinesische Science-Fiction insgesamt und auf die subversive New Wave im Besonderen haben wird, ist

THE THREE-BODY PROBLEM: Entwurf für das Filmplakat

schwer vorherzusagen. Aber es ist nicht ausgeschlossen, dass die bevorstehende kinematografische Visualisierung der unsichtbaren Körper und verborgenen Dimensionen des Universums der »unsichtbaren« Phase der chinesischen Science-Fiction samt ihrer literarisch anspruchsvollen Poetik des Unsichtbaren ein Ende setzen wird. Was dann folgt, ist reine Spekulation: die Kommerzialisierung des Genres in Literatur und Film? Das Ende der New Wave? Wird der Film der erste in einer Reihe von chinesischen Science-Fiction-Blockbustern sein oder den Niedergang der Gattung einleiten? Nur die Zeit weiß auf diese Fragen eine Antwort.

Übersetzung aus dem Englischen: Anne Vonderstein

Anmerkungen

1 In internationalen Publikationen erscheint der Autorenname sowohl als »Cixin Liu« wie als »Liu Cixin«. Bei ihm wie bei anderen chinesischen Namen folgt der vorliegende Text der Konvention, den Familiennamen voranzustellen (hier also: Liu Cixin). Ausgenommen sind Personen, die ihrerseits der westlichen Konvention folgen und den Familiennamen hintanstellen (wie der Autor dieses Textes).
2 »Santi« heißt wörtlich übersetzt »Drei Körper« und ist im chinesischen Original sowohl der Titel des ersten Bandes wie der gesamten Trilogie. Im Englischen wird Letzteres unter dem Namen *Remembrance of Earth's Past* publiziert, gleichwohl ist auch hier am Titel von Band 1, *The Three Body-Problem* (New York 2014), eine gängige Bezeichnung für das Gesamtwerk. In deutscher Übersetzung liegt bisher der erste Band unter dem Titel *Die drei Sonnen* vor (München 2016), der wiederum auch als Oberbegriff für die Trilogie verwendet wird. Band zwei, *Der dunkle Wald*, ist für 2017 angekündigt.
3 Zur Diskussion von Science-Fiction und Science-Fantasy als Gattungen der unterdrückten Moderne vgl. David Der-wei Wang: Fin-de-siècle Splendor: Repressed Modernities of Late Qing Fiction, 1849–1911. Stanford 1997.
4 Zur chinesischen Science-Fiction in der Reformära siehe: Rudolf Wagner: »Lobby Literature: The Archaeology and Present Functions of Science Fiction in the People's Republic of China«. In: Jeffrey Kinkley (Hg.): After Mao: Chinese Literature and Society, 1978–1981. Cambridge, MA 1985, S. 17–62.
5 Zur Analyse des Films siehe: Nathaniel Isaacson: Media and Messages: Blurred Visions of Nation and Science in DEATH RAY ON A CORAL ISLAND. In: Jennifer L. Feeley / Sarah Ann Welles (Hg.): Simultaneous Worlds: Global Science Fiction Cinema. Minneapolis, London, S. 272–288.
6 Mingwei Song: »After 1989: The New Wave of Chinese Science Fiction«. In: China Perspectives, 1/2015, S. 8.
7 Robert Scholes / Eric S. Rabkin: Science Fiction: History, Science, Vision. Oxford 1977, S. 88.
8 Siehe Mingwei Song [Song Mingwei]: »Tanxingzhe yu mianbiezhe: Liu Cixin de kehuanshijie« [dt. »Sternenpflücker und Wandbetrachter: Die Science-Fiction bei Liu Cixin«]. In: Shanghai wenhua, 3/2011, S. 17–30.
9 Kunkun: »Reng youren yangwang xingkong« [dt. »Jemand schaut noch in den Himmel«]. In: Wu Yan / Guo Kai (Hg.): 2011 niandu Zhongguo zuijia kehuan xiaoshuo ji [dt. »Die beste Science-Fiction aus China 2011«]. Chengdu 2012, S. 403.

10 Auf dem Klappentext seines 2011 erschienen Romans *Ditie* [dt. »Untergrundbahn«] heißt es: »Kafka in einer elektronischen Strafanstalt«.
11 Die Erzählung erschien erstmals in *Kehuan shijie* [*Science Fiction World*], 7/2002, dann als Teil der Kurzgeschichtensammlung des Autors: Han Song: Kan de kongju [dt. »Die Angst vorm Sehen«]. Peking 2012, S. 67–85.
12 Han Song 2012, a.a.O., S. 77.
13 www.douban.com/note/167116945/. Meinem Beitrag liegt eine Fassung zugrunde, die der Autor mir in Manuskriptform zur Verfügung stellte.
14 Zur Science-Fiction-Definition des einflussreichen Theoretikers Darko Suvin siehe: D.S.: Metamorphoses of Science Fiction: On the Poetics and History of a Literary Genre. New Haven 1979, S. 3–15; zu Chus Auseinandersetzung damit siehe Seo-Young Chu: Do Metaphors Dream of Literal Sleep? A Science-Fictional Theory of Representation. Cambridge, MA 2010, S. 3–15.
15 Chu 2010, a.a.O., S. 3.
16 Han Song: »Dangxia Zhongguo kehuan de xianshi jiaolü [dt. »Realitätsängste in der zeitgenössischen chinesischen Science-Fiction«]. In: Nanfang wentan, 6/2010, S. 30.
17 Kunkun: »Reng youren yangwang xingkong«. In: 2011 niandu Zhongguo zuijia kehuan xiaoshuo ji, S. 403.
18 Liu Cixin: »Weishenme renlei hai zhide zhengjiu« [dt. »Warum die Menschen noch immer der Rettung wert sind«]. In: Liu Cixin tan kehuan [dt. »Liu Cixin über Science-Fiction«]. Wuhan 2014, S. 34–42.
19 Liu Cixin: »Cong dahai jian yidishui« [dt. »Der Anblick eines Wassertropfens im Ozean«]. In: ebd., S. 46.
20 Zu den Titeln der Einzelbände vgl. Anm. 2.
21 Liu Cixin: »Shan« [dt. »Berg«]. In: Liu Cixin: Weijieyuan [Mikro-Ära]. Shenyang 2010, S. 225–258.
22 »Die Trisolaris-Nachrichten enthielten keinerlei Beschreibung zur Morphologie der Trisolarier«, heißt es im ersten Band der Trilogie aus dem Mund des Erzählers. Liu Cixin: Die drei Sonnen. Übers. von Martina Hasse. München 2017, S. 479.
23 Liu Cixin: Sishen yongsheng. Chongqing 2010, S. 196–197. Zit. nach der englischen Übersetzung von Ken Liu: Death's End. New York 2016.
24 Liu Cixin 2010, a.a.O., S. 433–460.

Über die Autorinnen und Autoren

Christine Cornea ist Lecturer im Department of Film, Television and Media Studies an der University of East Anglia in Norwich, Großbritannien. Sie lehrt und forscht zu Themen der kulturellen Bedeutung des populären Films und Fernsehens. Ihre jüngeren Arbeiten haben sich vor allem mit Fragen von *race* und *gender* bzw. Sexualität, Industrieästhetiken und -praktiken im Film und Fernsehen beschäftigt. Ausgewählte Veröffentlichungen: »Science Fiction, Ethics and the Human Condition« (Mit-Hg., erscheint 2017); »Genre and Performance« (Hg., 2010); »Science Fiction Cinema. Between Fantasy and Reality« (2007) und »Dramatising Disaster« (Mit.-Hg., 2013).

Josef Früchtl studierte Philosophie, Germanistik und Soziologie in Frankfurt am Main und Paris; 1996 Professor für Philosophie mit dem Schwerpunkt Ästhetik und Kulturtheorie in Münster; seit 2005 Professor für Philosophy of Art and Culture an der Universität Amsterdam. Seine Forschungsschwerpunkte sind die philosophische Ästhetik, Theorien der Moderne, Kritische Theorie der Kultur sowie der Kulturwissenschaften und Philosophie des Films. Ausgewählte Publikationen: »Vertrauen in die Welt. Eine Philosophie des Films« (2013); »Das unverschämte Ich. Eine Heldengeschichte der Moderne« (2004); »Ästhetik der Inszenierung« (Mit-Hg., 2001); »Ästhetische Erfahrung und moralisches Urteil. Eine Rehabilitierung« (1996).

Harald Hamrell ist der Regisseur verschiedener Fernseh-Miniserien und einer Reihe von Filmen in Schweden. Schon als Jugendlicher drehte er Kurzfilme und trat auch als Schauspieler im Film und im Fernsehen auf. Er war einer der Regisseure der ersten beiden Staffeln von ÄKTA MÄNNISKOR – REAL HUMANS, für die er den Prix Italia 2013 gewann. Außerdem führte er auch bei einer Reihe von Filmen anderer Genres Regie: zum Beispiel Thrillern wie Arne Dahls MISTERIOSO (2011), der für den British Dagger Award 2013 nominiert war, Kinderfilmen wie EN HÄXA I FAMILJEN (Eine Hexe in unserer Familie; 2000) oder dem Liebesfilm VINTERVIKEN (Winterbucht; 1996), der für den Guldbagge, den schwedischen Oscar, in der Kategorie »Bestes Drehbuch« nominiert war. Schließlich hat er bei einigen Fernsehfilmen der außerordentlich erfolgreichen BECK-Serie (1997–2005) Regie geführt und war 2003 in New York für den internationalen Emmy mit der Mini-Serie RAMONA (2003) nominiert.

Andreas Rauscher lehrt als Akademischer Oberrat für Medienwissenschaft mit den Schwerpunkten Filmwissenschaft und Game Studies an der Universität Siegen. Als wissenschaftlicher Kurator betreute er 2015 die Ausstellung »Film & Games – Ein Wechselspiel« für das Frankfurter Filmmuseum. Er ist Autor von »Spielerische Fiktionen. Genrekonzepte in Videospielen« (2012) und »Das Phänomen Star Trek« (2003) sowie Mit-Herausgeber von »Mythos 007« (2007) und »Subversion zur Prime-Time. Die Simpsons und die Mythen der Gesellschaft« (2001).

Matthias Schwartz ist wissenschaftlicher Mitarbeiter am Zentrum für Literatur- und Kulturforschung Berlin (ZfL). Forschungsschwerpunkte: Affektkulturen, Erinnerungskulturen, Jugendkulturen, Abenteuerliteratur, Phantastik, Science-Fiction, Wissenschaftspopularisierung, osteuropäische Gegenwartsliteraturen. Ausgewählte Publikationen: »Eastern European Youth Cultures in a Global Context« (Mit-Hg., 2016); »Expeditionen in andere Welten. Sowjetische Abenteuerliteratur und Science-Fiction von der Oktoberrevolution bis zum Ende der Stalinzeit« (2014); »Gagarin als Archivkörper und Erinnerungsfigur« (Mit-Hg., 2014); »Auf einen Zug. Anpassung und Ausbruch: Jugend in Osteuropa« (Mit-Hg., Osteuropa 11–12/2013); »Die Erfindung des Kosmos. Zur sowjetischen Science Fiction und populärwissenschaftlichen Publizistik vom Sputnikflug bis zum Ende der Tauwetterzeit« (2003).

Mingwei Song ist seit 2007 Associate Professor of Chinese am Wellesley College, Massachusetts. 2016 war er Fellow am Institute for Advanced Study in Princeton. Seine Forschungsinteressen umfassen die chinesische Literatur von der späten Qing-Dynastie bis ins frühe 21. Jahrhundert, den chinesischen Film, Science-Fiction und Jugendkultur. Er ist Autor von »Young China. National Rejuvenation and the Bildungsroman, 1900–1959« (2015), sowie, auf Chinesisch: »Kritik und Imagination« (2013); »Die Sorgen einer fließenden Welt. Eine Biographie von Eileen Chang« (1996).

Simon Spiegel studierte in Zürich und Berlin Germanistik, Filmwissenschaft und Wirtschafts- und Sozialgeschichte. 2007 promovierte er mit einer Arbeit zum Science-Fiction-Film. Seit 2003 ist er freier Filmjournalist und Filmkritiker. 2011–2013 wissenschaftlicher Mitarbeiter am Institute for the Performing Arts and Film der Zürcher Hochschule der Künste. 2012–2014 Mitarbeiter im SNF-Forschungsprojekt »Analog/Digital«. Derzeit arbeitet er an seiner Habilitation zur Utopie im nichtfiktionalen Film. Er ist der Verfasser von »Theoretisch phantastisch. Eine Einführung in Tzvetan Todorovs Theorie der phantastischen Literatur« (2010) und »Die Konstitution des Wunderbaren. Zu einer Poetik des Science-Fiction-Films« (2007).

Klaudia Wick leitet die Abteilung »Audiovisuelles Erbe Fernsehen« der Deutschen Kinemathek. Zuvor arbeitete sie 16 Jahre lang als Fernsehkritikerin und Autorin und war bis 2015 Leiterin des Fernsehfilmfestivals Baden-Baden. Nach ihrem Magister in Theater-, Film- und Fernsehwissenschaften arbeitete Wick 1992–1999 als Redakteurin der *taz*, zuletzt in der Funktion der Chefredakteurin. Für ihre Texte zum Fernsehen erhielt sie 1997 den Deutschen Preis für Medienpublizistik.

Ytasha Womack ist Autorin, Filmemacherin, Tänzerin und eine Vorkämpferin für die Rechte der Schwarzen. Sie ist die Autorin von »Afrofuturism. The World of Black Sci Fi & Fantasy Culture« (2013) und »Post Black. How a New Generation is Redefining African American Identity« (2010) sowie des Romans »Rayla 2212« (2013). Außerdem hat sie die Anthologie »Beats, Rhymes and Life. What We Love & Hate About Hip Hop« (2007) herausgegeben. Sie ist die Regisseurin von THE ENGAGEMENT: MY PHAMILY BBQ 2 (2006) und hat den Film LOVE SHORTS (2004) geschrieben und produziert. Der Science-Fiction-Feature-Film BAR STAR CITY erscheint voraussichtlich 2017.

Kristina Jaspers, **Nils Warnecke** und **Gerlinde Waz** sind Kuratoren der Deutschen Kinemathek – Museum für Film und Fernsehen. **Rüdiger Zill** ist Wissenschaftlicher Referent am Einstein Forum in Potsdam. Gemeinsam veranstalten sie für die Deutsche Kinemathek und das Einstein Forum seit mehreren Jahren filmgeschichtliche und -theoretische Tagungen und Workshops. Publikationen, die daraus hervorgegangen sind: »Zum Lachen!« (Hg. Peter Paul Kubitz, Gerlinde Waz, Rüdiger Zill, 2009); »Wahre Lügen. Bergman inszeniert Bergman« (Hg. Kristina Jaspers, Nils Warnecke, Rüdiger Zill, 2012); »Werner Herzog. An den Grenzen« (Hg. Kristina Jaspers, Rüdiger Zill, 2015).

Bildnachweis

2030 – AUFSTAND DER ALTEN (ZDF): 78 | AELITA (Meschrabpom-Rus): 6 | AFRONAUTS (powderroomfilms): 119 | ÄKTA MÄNNISKOR – REAL HUMANS (© Johan Paulin/Matador Film AB/SVT): Cover, 106, (© Harald Hamrell/Matador Film AB/SVT): 98, 101, 102 | DOROGA K SWJOSDAM (Lennautschfilm): 89 | GESCHICHTEN AUS DER ZUKUNFT: AUSTRALISCHE BLINDHEIT (ZDF): 75 | Grace-Jones-Porträt – Jean-Paul Goude, www.anothermag.com/fashion-beauty/7791/a-history-of-female-afrofuturist-fashion: 109 | IJON TICHY: RAUMPILOT (ZDF): 80 | INTERSTELLAR (Paramount Pictures/Warner Bros.): 16, 22, 23, 48 | METSCHTE NAWSTRETSCHU (Odesskaja kinostudija): 93 | Mondlandung Apollo-Sonderstudio (© WDR/Klaus Barisch): 72 | PLANETA BUR (Lennatuschfilm): 91 | QUERSCHNITT (ZDF): 76 | RAUMPATROUILLE (Quelle: Deutsche Kinemathek, © Bavaria Media GmbH): 73 | SHANHU DAO SHANG DE SHI GUANG (Shanghai Film Studios): 124 | SILENT RUNNING (Universal Pictures): 41, 43 | STAR TREK – THE NEXT GENERATION (Paramount Television), Folge *The Defector* (Staffel 3, Ep. 10): 55 | STAR TREK – VOYAGER (Paramount Television), Folge *Retrospect* (Staffel 4, Ep. 17): 58 | STAR TREK (Desilu Productions), Folge *Catspaw* (Staffel 2, Ep. 7): 54 | STAR WARS VS STAR TREK, Fan-Trailer BATTLE FOR THE GALAXY – www.youtube.com/watch?v=KLCrAb_ESw8: 51 | *Star Wars: Battlefront* (Game, DICE): 66 | STAR WARS: EPISODE IV – A NEW HOPE (Lucasfilm/Twentieth Century Fox Film Corporation): 64, 65 | Sun Ra – Saturnalian Saturn Alien – www.youtube.com/watch?v=UV9lcL-2jcs: 115 | TATORT: TOD IM ALL (SWR): 79 | THE DAY AFTER TOMORROW (Twentieth Century Fox Film Corporation): 47 | THE THREE-BODY PROBLEM (YooZoo Pictures): 132, 135 | TOMORROWLAND (Walt Disney Pictures): 30, 31, 32, 37 | Ytasha L. Womack: Afrofuturism: The World of Black Science Fiction and Fantasy (Chicago Review Press 2013; Cover-Ausschnitt), Art & Design *Ioe Ostara*: John Jennings, Layout: Jonathan Hahn: 110 || Trotz intensiver Recherchen war es uns nicht in allen Fällen möglich, die Rechteinhaber der Abbildungen ausfindig zu machen. Berechtigte Ansprüche werden selbstverständlich im Rahmen der üblichen Vereinbarungen abgegolten.

Index

A.I. ARTIFICIAL INTELLIGENCE (A.I. – Künstliche Intelligenz) 105
Abrams, Jeffrey Jacob 55, 61
Abstract Omega 119
Adam, Ken 59, 62
AELITA 85 f.
AFRONAUTS 119
AFTER EARTH 45 f., 116
ÄKTA MÄNNISKOR – REAL HUMANS 8, 10, 97–107
ALF 80
Alice, Mary 116
ALIEN 61, 101, 116
Allen, Woody 12
ALPHA ALPHA 77
ALPHAVILLE (Lemmy Caution gegen Alpha 60) 59
Anders, Günther 72
Anderson, Michael 27, 64
Arendt, Hannah 10 f.
Armstrong, Neil 31, 71
Asimov, Isaac 33
AST AUF DEM WIR SITZEN, DER 76
AUF DER SUCHE NACH DER WELT VON MORGEN 74
AVATAR 45 f., 57
Badu, Erykah 108
Bahr, Eva von 103
Baker, Kenny 60
BAR STAR CITY 120
Barnes, Marc 114
BATTLE BEYOND THE SUN 92
Bekolo, Jean-Pierre 118
Beljajew, Alexander 83–85, 87
Bellamy, Edward 7, 27
Berlin, Isaiah 16
Berman, Ted 37
Berry, Halle 116
Besson, Luc 103
Bird, Brad 8, 28 f., 31, 33–36, 97
BIRTH OF A NATION (Die Geburt einer Nation) 109
BLACK CAULDRON, THE (Taran und der Zauberkessel) 37
BLACK PANTHER 116
BLACULA 114
BLADE 116
BLADE RUNNER 8, 43, 60
BLAUE PALAIS, DAS 77

Index

Blomkamp, Neill 26
Blumenberg, Hans 16
Bodomo, Francis 119
Bogdanovich, Peter 92
Bogdanow, Alexander A. 7
Böhme, Hartmut 95 f.
Bohn, Thomas 80
Bong Joon-ho 26
BOOT, DAS 79
Bradbury, Ray 26, 33
Braun, Wernher von 73
BREAKING BAD 55
Brecht, Bertolt 26
Breschnew, Leonid 94
Britt, King 114
Broderick, Mick 40
Brooker, Will 62
Brooks, Avery 53
BROTHER FROM ANOTHER PLANET 115
BUCK ROGERS 59
Bulwer-Lytton, Edward 7
BUMASHNYJ SOLDAT (Papiersoldat) 96
Burke, Edmund 34
Burtt, Ben 61
Bush, George W. 44
Butler, Octavia E. 108, 112 f., 115
Caine, Michael 17, 48
Cameron, James 45, 57
Campbell, Joseph 59 f.
Capra, Frank 7
Cardinale, Claudia 12
Carpenter, John 43
Carson, Rachel 40 f.
Castaneda, Carlos 59
CATWOMAN 116
CHANGE OF MIND 114
CHEERS 120
Cheng, König von Zhou 133
Christovale, Erin 120
Chu, Seo-young 125
Clinton, Bill 44 f.
Clinton, George 108, 113
Clooney, George 12, 29
CLOSE ENCOUNTERS OF THE THIRD KIND (Unheimliche Begegnung der dritten Art) 32, 118
C-ME 120
Collins, Suzanne 27
Coltrane, Alice 112

Coltrane, John 112
Coney, John 115
Coogler, Ryan 116
Coppola, Francis Ford 92
Cornea, Christine 8, 10
Costner, Kevin 44
Crain, William 114
CRASH 2030 – ERMITTLUNGSPROTOKOLL EINER KATASTROPHE 78
Crewdson, Gregory 100, 103
Cuarón, Alfonso 10
DA QI CENG XIAO SHI 124
DAM BUSTERS, THE (Mai 1943 – Die Zerstörung der Talsperren) 64
Damon, Matt 18
Danelija, Giorgi 95
Daniel, Jon 117
Daniels, Anthony 60
Däniken, Erich von 92
Dath, Dietmar 59
DAY AFTER TOMORROW, THE 45
DAY AFTER, THE 46
DAY OF THE ANIMALS (Panik in der Sierra Nova) 40
DAY THE EARTH STOOD STILL, THE (Der Tag, an dem die Erde stillstand, 1951) 39
DAY THE EARTH STOOD STILL, THE (Der Tag, an dem die Erde stillstand, 2008) 45 f.
De Niro, Robert 105
DEATH RAY ON CORAL ISLAND 124
DEEP SPACE NINE 53–57, 63
del Rey, Lester 33
Delany, Samuel R. 114
DELUGE 118
Dern, Bruce 41, 43
Derrickson, Scott 45
Derrida, Jacques 15
Dery, Mark 113
Descartes, René 16
Dewey, John 13
Disney, Walt 35–38, 75
Ditfurth, Hoimar von 76
DIVERGENT 26, 38
DJ Spooky 114
DOROGA K SWJOSDAM (Der Weg zu den Sternen) 88

Douglas, Gordon 39
DR. STRANGELOVE (Dr. Seltsam oder wie ich lernte die Bombe zu lieben) 59, 62
Du Bois, W.E.B. 110
Due, Tananarive 114
Earhart, Amelia 28
EARTH VS. THE FLYING SAUCERS (Fliegende Untertassen greifen an) 39
Edison, Thomas 28
Edwards, Gareth 67
Ehrlich, Anne und Paul 40
Eiffel, Gustave 28
Einstein, Albert 21, 28
ELYSIUM 26
Emmerich, Roland 43, 45 f.
END OF EATING EVERYTHING, THE 119
ENTERPRISE 53
EQUILIBRIUM 27
Erler, Rainer 77
ES IST NICHT LEICHT, EIN GOTT ZU SEIN 95
ESCAPE FROM NEW YORK (Die Klapperschlange) 43
Escher, Maurits Cornelis 23
Eshun, Kodwo 113 f.
Farrell, Terry 55
Faulstich, Joachim 77 f.
Fehlbaum, Tim 8
Feng Xiaoning 124
FIFTH ELEMENT, THE (Das fünfte Element) 103
Filimonow, Alexander 87
FIREFLY 61
FIRST SPACESHIP ON VENUS 114
Fishburne, Lawrence 116
Fisher, Carrie 60
FLASH GORDON 59
Fleischer, Richard 40
Fleischmann, Peter 95 f.
Flying Lotus 114
Flynn, Errol 62, 64
FORBIDDEN PLANET (Alarm im Weltall) 32
Ford, Harrison 60 f., 63
Ford, John 59
Forrest, Diandra 119
Foster, Gloria 116
Foucault, Michel 9, 15 f.

141

Index

FRAU IM MOND 84
Frost, Mark 55
Früchtl, Josef 8, 10
FUTURAMA 67
Gagarin, Juri 82
Gayles, Jonathan 117
George, Amir 120
Gerima, Haile 115 f.
German, Alexei 95
Gernsback, Hugo 32 f.
Gerst, Alexander 81
GESCHICHTEN AUS DER ZUKUNFT 75
Girdler, William 40
Godard, Jean-Luc 59 f.
GOJIRA (Godzilla) 32
Goldblum, Jeff 43
Gorki, Maxim 87
GRAVITY 10
Greenwald, Jeff 53
Griffith, David Wark 109
Guinness, Alec 60
Gurewitsch, Georgi 83 f.
Gyllenhaal, Jake 46
Haber, Heinz 74 f.
Hall, Klay 37
Hamill, Mark 60 f.
Hamrell, Harald 8
Han Song 125–131
Hanser, Ben 114
Haskin, Byron 39
Hathaway, Anne 18
Hawks, Howard 61
Hegel, G.W.F. 13, 15
Heidegger, Martin 15 f.
HEIMAT – EINE DEUTSCHE CHRONIK 79
Heine, Hans 72 f.
HELL 8
H-E-L-L-O 118
Hepburn, Katharine 12
Herngren, Felix 103
HIDDEN FORTRESS, THE (Die verborgene Festung) 60
Hildebrandt, Dieter 80
Hilton, James 7
Honda, Ishirô 32
Hopkinson, Nalo 114
Hughes, Howard 28
Hundertwasser, Friedensreich 76
HUNDRAÅRINGEN SOM KLEV UT GENOM FÖNSTRET OCH FÖRSVANN (Der Hundertjährige, der aus dem Fenster stieg und verschwand) 103
HUNGER GAMES, THE (Die Tribute von Panem – The Hunger Games) 26, 38
I AM LEGEND 116
IJON TICHY: RAUMPILOT 80
Iljinski, Igor 86
INCEPTION 19
INCREDIBLES, THE (Die Unglaublichen – The Incredibles) 33
INDEPENDANCE DAY 43
INSEL DER KREBSE, DIE 76
INTERSTELLAR 8, 10, 12–25, 30, 45 f., 107
INVADERS FROM MARS (Invasion vom Mars) 39
IRON GIANT, THE (Der Gigant aus dem All) 33
Itzenplitz, Eberhard 77
JA BYL SPUTNIKOM SOLNZA (Ich war ein Sputnik der Sonne) 92
Jackson, Peter 58
Jefremow, Iwan 94
Jenkins, Henry 50, 69 f.
Jennings, John 111
Jin Shan 123
Jones, Grace 108 f.
Jullier, Laurent 69
Jung, Carl Gustav 60, 69
Kahiu, Wanuri 118
KAHLSCHLAG – DER WALDREPORT 2010 78
Kant, Immanuel 34, 133
Karjukow, Michail 90, 93
Kasanski, Gennadi 83
Kasanzew, Alexander 91
Kepler, Johannes 132
Kershner, Irvin 52
Killingsworth, Jimmie 41
KIN-DSA-DSA 95
King, Martin Luther 110
Kluschanzew, Pawel 88 f., 91, 93 f.
Koberidse, Otar 93
Kopernikus, Nikolaus 16, 131–133
Kosinski, Joseph 45
KOSMITSCHESKI REJS (Der Kosmosflug) 87
KOSMOS KAK PREDTSCHUSTWIE (Kosmos als Vorgefühl) 96
Kosyr, Alexander 90
Krützen, Michaela 71
Kubrick, Stanley 59, 62, 89
Kurosawa, Akira 59 f.
Lang, Fritz 9, 28, 59, 84
Lao She 123
Larson, Lars 103
Laurie, Hugh 29
LEBENDIGES WELTALL 75
Lem, Stanisław 80, 84, 88, 94
Lenin, Wladimir Iljitsch 83
Leonow, Alexei 82
LES GAMMAS, LES GAMMAS 80
Lesch, Harald 79
LETZTEN TAGE VON GOMORRHA, DIE 77
Li, Justin 56
Lindelof, Damon 29, 31, 35
LINDENSTRASSE 78
Lithgow, John 47
Littman, Lynne 43
Liu Cixin 122, 125 f., 130–136
Ljapunow, Boris 90
LOGAN'S RUN (Flucht ins 23. Jahrhundert) 27
LORD OF THE RINGS, THE (Der Herr der Ringe) 58
Loriot 80
LOST HORIZON 7
Lowell, Freeman 48
Lu Xun 128
Lucas, George 27, 51, 59–62
Lühdorff, Jörg 78
LUKE CAGE 117
LUNA 93
Lundström, Lars 97–99, 107
Lynch, David 55, 100
MAD MAX: FURY ROAD 26
Maetzig, Kurt 114
Majorino, Tina 44
Mao Zedong 123, 125
Marquand, Richard 51
MARS 93
Marshall, Kerry James 111
Maslansky, Paul 114
Mastroianni, Marcello 24
MATRIX, THE 43, 116

Index

Mayhew, Peter 60
MAZE RUNNER, THE 26
McConaughey, Matthew 47
Méliès, Georges 84
MEN IN BLACK 116
Menge, Wolfgang 77
Menzies, W.C. 7, 39
Mercier, Louis-Sébastien 7
METEORITY 88
METROPOLIS 9, 60
METSCHTE NAWSTRETSCHU (Begegnung im All) 93
Meyer, Nicholas 46
Mifune, Toshiro 59
Miller, George 26
MILLIONENSPIEL, DAS 77
MONSOONS OVER THE MOON 119
MÖPSE AUF DEM MOND 80
Morgenstern, Viktor 92
Morrison, Ewan 26
Morus, Thomas 7, 27
MOSKWA – KASSIOPEJA (Start zur Kassiopeia) 95
Mozi 133
Mu'min, Nijla Baseema 118
Muchina, Dan 119
Mulgrew, Kate 53
Mutu Wangechi 119
Nader, Ralph 40
Nance, Terence 118
Nasenyana, Ajuma 119
NEBO ZOWJOT (Der Himmel ruft) 89–92
Nelson, Alondra 114
Neumann, John von 133
Newton, Isaac 133
Nichols, Nichelle 111
Nietzsche, Friedrich 15
NIGHT OF THE LIVING DEAD (Die Nacht der lebenden Toten) 114
Nikolaus von Kues 16
NO BLADE OF GRASS 40
NOISEGATE 119
Nolan, Christopher 8, 183, 19 f., 30, 45, 107
NOTIZEN AUS DER PROVINZ 80
O'Hehir, Andrew 26
OBITAJEMYI OSTROW (Die bewohnte Insel) 95
OBLIVION 45 f.

Okarofor, Nnedi 114
Ongewe, Julius 114
Onli, Turtel 110
Onwurah, Ngozi 116
Orwell, George 26
OTROKI WO WSELENNOJ (Roboter im Sternbild Kassiopeia) 95
OVERSIMPLIFICATION OF HER BEAUTY, AN 118
Pagler, Lisette 104 f.
Palmer, Jacqueline 41
Peck, Gregory 12
PERFECT STORM, THE (Der Sturm) 18
Petersen, Wolfgang 18, 79
Pflug, Eva 73
Phillips, Rasheedah 111
Picardo, Robert 57
PIRATES OF THE CARIBBEAN 35
PLANES 37
PLANET OF THE APES (Planet der Affen) 32
PLANETA BUR (Planet der Stürme) 91 f.
POLAR EXPRESS, THE (Der Polarexpress) 101
Poole, Robert 42
Poole, Steven 65
Protasanow, Jakow 85
Prowse, David 60
PUMZI 118
Quaid, Dennis 46
QUERSCHNTT(E) 76
Ras G 114
RAUMPATROUILLE 9, 73 f.
Rauscher, Andreas 9
Reitz, Edgar 79
REMEMBERING THE FUTURE: A PERSONAL JOURNEY THROUGH TOMORROWLAND WITH BRAD BIRD 31, 35
Reynolds, Kevin 44
Rich, Richard 37
Robertson, Britt 28
ROGUE ONE: A STAR WARS STORY 67
Romero, George A. 114
Rorty, Richard 16
Rose, Tricia 114
Ross, Gary 26

Ryan, Marie-Laure 58
SAIGNANTES, LES 118
Sanders-Brahms, Helma 77
SANKOFA 115
SANTI (The Three-Body Problem) 135 f.
Sasonow, Alexei 90
Sayle, John 115
Schaffner, Franklin J. 32
Schmidt, Gerhard 76
Schneider, Helge 80
Scholte, Jan Aart 44
SCHRAUBE VERLOREN, WERKZEUG VERGESSEN 80
Schterstobitow, Ewgeni 94
Schurawljow, Wassili 87
Schwartz, Matthias 7, 10
SCHWARZWALDKLINIK, DIE 78
SCHWEIGENDE STERN, DER 114
Schwez, Juri 90
Scott, Ridley 8, 43, 60 f., 101
SEARCHERS, THE (Der schwarze Falke) 59
Sears, Fred f. 39
SENDUNG MIT DER MAUS, DIE 81
Shakespeare, William 63
SHANHU DAO SHANG DE SHI GUANG 124
Shatner, William 53
SHI SAN LING SHUI KU CHAN XIANG QU 123
Shyamalan, M. Night 45
SILENT RUNNING (Lautlos im Weltraum) 40–43, 46, 48
Singer, Mark 113
Smith, Cauleen 118
Smith, Will 116
Snipes, Wesley 116
SNOWPIERCER 26
SOLARIS 84, 94
Song, Mingwei 9, 125
Sontag, Susan 40, 49
SOYLENT GREEN (... Jahr 2022 ... die überleben wollen) 38, 40
SPACE COMMANDER 81
SPACE IS THE PLACE 115
Spiegel, Simon 8, 34
Spielberg, Steven 32, 105, 118

Index

Spiner, Brent 57
St. Jacques, Raymond 114
STALKER 94
Stanton, Andrew 61, 100 f.
STAR TREK 8–10, 25, 27, 50–59, 61, 63, 68–70, 74, 108, 111
STAR TREK BEYOND 56
STAR TREK DISCOVERY 56
STAR TREK: THE NEXT GENERATION (Raumschiff Enterprise – Das nächste Jahrhundert) 53, 55–57, 63, 68
STAR WARS 9, 32, 50–52, 54, 57, 59–70
STAR WARS: I – THE PHANTOM MENACE (SW I – Die dunkle Bedrohung) 51
STAR WARS: II – ATTACK OF THE CLONES (SW II – Angriff der Klonkrieger) 62
STAR WARS: III – REVENGE OF THE SITH (SW III – Die Rache der Sith) 62
STAR WARS: IV – A NEW HOPE (SW IV – Eine neue Hoffnung) 52, 63, 65, 67
STAR WARS: V – THE EMPIRE STRIKES BACK (SW V – Das Imperium schlägt zurück) 32, 52
STAR WARS: VI – RETURN OF THE JEDI (SW VI – Die Rückkehr der Jedi-Ritter) 51
STAR WARS: VII – THE FORCE AWAKENS (SW VII – Das Erwachen der Macht) 61
Stevens, Robert 114
Stewart, Patrick 53
STIRBT UNSER BLAUER PLANET? 75
Streep, Meryl 12, 105
Strugatzki, Arkadi/Boris 95
SUGAR HILL (Die schwarzen Zombies von Sugar Hill) 114
Sun Ra 8, 108, 112 f., 115
Suvin, Darko 129
Tarkowski, Andrei 84 f., 94 f.
Tate, Greg 113

TATORT – TOD IM ALL 80
TATORT 79 f.
Taylor, Charles 16
Taylor, Chris 60, 69 f.
TELEROP 2009 – ES IST NOCH WAS ZU RETTEN 77, 81
Tereschkowa, Valentina 82
Tesla, Nikola 28
TESTAMENT (Das letzte Testament) 43
THEM! (Formicula) 39
THINGS TO COME 7
Thomas, Dylan 23
Thon, Jan-Noël 58
THX 1138 27
Tian Han 123
TO CATCH A DREAM 119
Toelle, Tom 77
Tolkien, J.R.R. 58
Tolstoi, Alexei 7, 85 f.
TOMORROWLAND (2015) – VISIONS OF TOMORROW 38
TOMORROWLAND (A World Beyond) 8, 26–38, 97
TOMORROWLAND / WHAT IS TOMORROWLAND CLIP 38
Tong Enzheng 124
Tripplehorn, Jeanne 44
TRUDNO BYT BOGOM (Es ist schwer, ein Gott zu sein) 95
Trumbull, Douglas 40
Tschebotarew, Wladimir 83
TSCHELOWEK-AMFIBIJA (Der Amphibienmensch) 83
TSCHERES TERNII K SWJOSDOM (Per aspera ad astra) 95
TUMANNOST ANDROMEDY (Andromedanebel / Das Mädchen aus dem All) 94
Twain, Mark 28
TWIN PEAKS 55
UFOS – GIBT ES SIE WIRKLICH? 79, 81
UFOS – UND ES GIBT SIE DOCH 79
Verne, Jules 28, 87
Vim Crony, Donovan 119
Visitor, Nana 55

Volk, Stefan 26 f.
VOYAGE DANS LA LUNE, LE (Die Reise zum Mond) 84
VOYAGE TO THE PLANET OF PREHISTORIC WOMEN 92
VOYAGER 53, 57 f.
Wachowski, Geschwister 43
Wagenführ, Kurt 74
Wang Jinkang 125
WAR OF THE WORLDS, THE (Kampf der Welten) 39
WAS SUCHT DER MENSCH IM WELTRAUM? 74
WATERWORLD 44 f.
Wayne, John 12
Webb, Floyd 112, 120
WELCOME II THE TERRORDOME 116
Welles, Orson 28
Wells, H.G. 7, 27 f.
WETTEN DASS..? 79
Whedon, Joss 61
WHITE SCRIPTS AND BLACK SUPERMEN: BLACK MASCULINITY IN COMICS 117
Wick, Klaudia 9
Widerberg, Bo 105
Wiktorow, Ritschard 95
Wilcox, Fred M. 32
Wilde, Cornel 40
Williams, John 65
Wimmer, Kurt 27
WIRE, THE 55
Wise, Robert 39
Womack, Ytasha 9 f., 110, 120 f.
WSELENNAJA (Das Weltall) 88
WÜNSCH DIR WAS 76
X-MEN 116
Yogeshwar, Ranga 79
Zemecki, Robert 101
Zeretelli, Nikolaj 85
Zhang Fanfan 135
Zhang Hongmei 124
Ziolkowski, Konstantin 84, 87 f.
2001: A SPACE ODYSSEY (2001: Odyssee im Weltraum) 89
2030 – AUFSTAND DER ALTEN 78